觀光餐旅美學

旅行，是為了發現美

洪久賢　校長　總編審
許軒、徐端儀　　著

五南圖書出版公司 印行

　　美學是對感官的感受，產生正面意義、正價值、愉悅滿足的情感；美學是認識藝術、科學、設計和哲學中認知感覺的理論和哲學。美學為滿足人們高層次需求時的考量，除了強調透過五感提供人們愉悅正向的感受外，在高度成熟發展的國際觀光餐旅市場上，如何透過設計感官感受元件，營造不同的體驗，使消費者接受各式各樣的情緒類別，成為當今相關產業提升產品價值與競爭力所注重且致力經營的議題。

　　《觀光餐旅美學：旅行，是為了發現美》一書中，以一段旅程的概念，帶領讀者了解何謂觀光餐旅美學，以及各旅遊目的地及企業組織之企業識別系統與美學之結合考量。在讀者探索觀光餐旅美學內涵有知識基底後，旅程即刻起飛，從航空、食衣住行到各項旅遊目的景點等，探討箇中美學的存在與趣味。除了豐富且有趣的文字內涵外，精采的照片也提供讀者閱讀過程中，提升自我的美感經驗，實為一本有趣且務實的讀物。透過本書，可以帶領有興趣的讀者、觀光餐旅相關領域的學子與實務業者打開美感意識、強化美感態度，並且累積美感經驗。本書能幫助啟發您在組織與環境中的美學實踐，為一本值得推薦的好書。

　　本書兩位作者在觀光餐旅、美學、文創領域之實務與學術領域，皆具有豐富的經驗。許軒，在饒富美學的家庭環境中成長，後續接觸與投入藝術領域，使得美學成為他人生的重要部分。而後又跨領域投身資訊、觀光餐旅、文創、教育等產業，直至博士階段，專精於此。《觀光餐旅美學》一書，便是闡述他實務與理論相互應證後的心得成果。徐端儀，為前長榮航空座艙長。曾經身為空服員的她，對於美的人事物觀察入微，體驗細膩

深刻，目前在台灣師大美術系博士班就讀，更精深其美學思維與認知理解。

　　觀光餐旅美學，等待您一同來旅行——發現美。

景文科技大學校長

洪久賢 謹識

2018.09.02

　　賣房子有美學院、博物館，連美食展都有「美庶館」攤位，觀光餐旅如此用來滿足人們心靈層面的活動，難道沒有美學嗎？

　　這幾年美學一詞充斥於台灣各個角落，其應用之多、連結之廣。不過，這些「美學」多半僅是傳遞字面上「美」的含義，與風格、品味、時尚及設計混為一談，以提升其價值。美學已成為台灣朗朗上口，用以加值加價的國民語彙。不過，美學一詞的使用，也反映出中華文化中，人民對於文字藝術上的重視，以及對於美的嚮往。

　　美學、美學，有美有學。大家對於哲學家族中最小的女兒——美學 (Aesthetics) 之美覺得不親民，對於應用美又過多渴求，使得美學的水平有點傾斜。到底觀光餐旅美學算不算是美學？有人說算、有人認為不算。無論算與不算，你都得有套接近美學原理的說詞與論點，來闡述此一新興學科，以逐漸建構起觀光餐旅美學的知識領域，使其對人類知識領域有所貢獻。

　　以社會學觀點而論，美學具有物質性、也有文化社會性，所以應該視脈絡而進行定義。例如，飲食一事在英法兩國受到的重視就天差地遠，有些事物擺在不同地方，說法就會不同。不過，換作在民以食為天、五步一小吃的台灣呢？

　　台灣知名出版業工作者郝明義把看書比擬飲食，用四種飲食分類對待我們閱讀胃口，首先為求生存要吃飽的主食；其次是好吃的，幫助思考的美食；還有幫助消化的蔬果；最後就是只求愉悅的甜食。

　　我想，我們這本書的定位應該是一套完整的餐食吧！對於因應當代美學經濟，觀光餐旅實務業者與相關科系的學生，可從本書中獲得一些幫

助，能夠提升自身價值讓自己能「吃飽」；本書同時具有工具書的內涵，提供許多國際間觀光餐旅融合美學的實務案例與做法，以及該注重的細節。對一般讀者來說，活用書中觀光餐旅美學觀點，可以幫助你思考未來生活中、旅程中，哪些時刻可以張開自己的五感，仔細感受當下，提升人生體驗的豐富度，強化自己的幸福感，帶來真的「美好人生」；或是當成一本看看美照和透過文字與作者聊聊天的作品，讓平時生活中，多了一份美感經驗的累積。

　　本書嘗試把學術與應用結合，以輕鬆的口吻進行書寫，希望讀者閱讀時，能夠更輕鬆自在，並在感官感受愉悅且趣味中喜歡它、愛上它且記得它。

2018.08.22

──────── 致謝 ────────

　　感謝提供本書精美相片的所有個人與單位，包括 Jeff Li、世紀遊輪、巢空間室內設計、倪惠兒、Dianne Shee、Nicole Tequila 等，您們的貢獻為本書錦上添花。

目錄

Part 1

出發囉！
踏上美學之旅

1

當觀光餐旅
邂逅美學

許軒

(圖片來源：Jeff Li)

觀光過程，從一開頭景點符號產製時，就已經開始運用美學牽動旅客旅遊動機，接續訂票、移動過程、住宿、用餐、活動參與、景點參觀等過程，無不與美學有關。到底美學在觀光餐旅產業中扮演怎樣的角色，旅客如何透過美學的視角看待一趟旅程？如何蒐集旅程中美的符號？如何享受一場浪漫凝視？如何從感官獲得最直接的愉悅？你所感受的美，和你過往的經歷有何關係？如何激發自己的美感態度以獲得美感經驗？如何製造一場擁有美感體驗的旅程，以留下難忘的回憶？在此傳遞給您──一趟提升美感經驗的旅程，即將出發。

　　天氣太熱你會想出門嗎？我猜你不會。因為出門後，觸覺感官會讓你開始接受陽光的刺激，或感覺被潮濕空氣包覆，而引發不舒服的體感，並進一步影響到心理情緒而產生煩躁感，所以你不太會想出門。因為即使行程中風景再美，心情不美也無法感受。美感所造成的影響，以及是否能從人事物中獲得愉悅感，和你的基礎感官以及整體旅程中各式各樣可能影響的因素，都是息息相關的。

　　審美心理學談到，當生理狀態處於平衡與舒適的情況時，人的五感方能接受到外界美的刺激，並且進一步進行審美判斷及累積美感經驗，甚至引發其他後續的作用。當人體狀態不佳時，很難心無旁騖地去感受這世界的各種刺激。想想看，當你汗流浹背、累得要命時，就算一杯美味的珍珠奶茶在你面前，對你來說也只是一杯補充水分的飲料而已。甚至你還可能會嫌有珍珠還要咀嚼很麻煩，更別談論其對於味蕾的滿足感或是珍珠是否具有嚼勁的感受了。

　　另外，空間的大小是否讓你感受到壓迫感也是重要因素。一旦開始有壓迫感，就算裡頭裝潢設計再精美，也會無

心欣賞；另外，空間體感還包括溫度調節，例如冬天開暖氣、夏天開冷氣等，這些都是希望讓身體維持舒適，減緩或消除身體的不適感，讓感官更能專注在需要專注的地方。

最後，噪音也是一種非常嚴重的干擾，若在嚴重噪音的環境下用餐，也會影響到味蕾愉悅的感受。每個人的背景不同，各感官會有不同的強度，這些強度就會強化旅程中的某些重點項目。例如：學音樂的人對於聲音特別敏銳，所以旅程中交通工具上的嬰兒吵鬧與飯店的噪音都會造就情緒的低迷。上述林林總總所提到的都是美學 (Aesthetics) 討論的範疇。所以美學並不如同坊間用於世俗廣告中的那樣，只是看字說故事，只討論與美有關的人事物而已喔！

美學的概念源於德國哲學家與美學家的鮑姆‧加登 (Alexander Baumgarten) 寫的《美學》(Aesthetica) 一書，他藉著拉丁文的感官 (aesthetik) 延伸成為探討「感性之學」(aesthetics) 的學科。傳到東方後，日本將其翻譯為「美學」，被我們延續著使用，使得大眾對於美學的涵意，多半被「美」字所左右與牽引了。

美學概念尚未出現前，古希臘羅馬哲學家就不斷討論什麼是美？美該如何定義？等問題。十八世紀，美學的概念被提出後，不斷被各個哲學家討論。例如，康德探討美學時，除了美所帶來的愉悅 (pleasure) 感受外，他也提到美所帶來的崇高 (sublime) 感受。這種崇高感，不一定只是表面上的漂亮、美麗而已，比如說與神接觸時內心感受的敬畏感，就是一個例子。崇高感後期也被許多政治家運用，作為促使人民信服他們的方式。

再者，暢談美學時，必定提及的「藝術」也是。到了當代或是後現代藝術，或是野獸派、立體派時，畫家所呈現的已經不再注重表面形式，像是古典時期的盡善盡美，柔順的

髮絲、似真的衣服或是如蛋白般光滑的肌膚等等，已不是必要。取而代之的是更多不同的手法，傳遞更深層的內容，讓觀賞者有各自不同的解讀，有些作品甚至離美的概念有點距離。例如，《夢的解析》作者佛洛伊德的孫子盧西安・弗洛伊德 (Lucian Michael Freud) 最擅長的畫作，就是人類真實的狀態與姿勢，所以他畫中的人通常都是老、胖、懶等，這些與傳統的美背道而馳的特質。但是，觀賞他的作品時，可能會有新的體悟：「這好真實，人真的是如此真實存在的？」

　　透過視覺資訊接受，引發情緒上的感受，並進一步帶出一連串的思考、回應與反思，就是美學這個探討感官影響情緒與思考的學科，更深層要探討的概念。強調高層次精神層

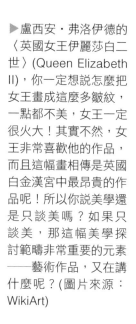

▶盧西安・弗洛伊德的〈英國女王伊麗莎白二世〉(Queen Elizabeth II)，你一定想說怎麼把女王畫成這麼多皺紋，一點都不美，女王一定很火大！其實不然，女王非常喜歡他的作品，而且這幅畫相傳是英國白金漢宮中最昂貴的作品呢！所以你說美學還是只談美嗎？如果只談美，那這幅美學探討範疇非常重要的元素──藝術作品，又在講什麼呢？(圖片來源：WikiArt)

面需求、感官享受刺激的觀光餐旅本質中，美學是不是更應被重視與在意呢？

　　如同近幾年所倡導的日常生活美學（Everyday Aesthetics）的概念一般，在我們生活環境也充滿各式各樣的美。例如我們吃飯用的器皿、穿的衣服、住的房子、開的車子、學習與閱讀的書本、觀賞參與的娛樂節目與活動等，這些都仰賴各式商品的設計師，運用其過往美學藝術設計背景知識，來設計並生產出來。這些都是值得我們去鑑賞、感受、學習的美，也是增進我們美感經驗最靠近且最便利的方式。觀光餐旅美學則是延伸日常生活美學的概念，更理所當然地將本是追求精神層面滿足的旅程，融入美學的角度，並且增進自己的美感經驗。這些經驗絕對寶貴，且絕對能拓展自己美的能力與素養，甚至增進自己的文化智商和國際化等其他能力。

　　過往觀光旅遊目的地中，最基本的分類就是自然與文化。文化可以延伸更多「人為產物」的細項，有些偏向精緻的藝術，有些偏向日常的工藝，有些則是無形但仍可透過五感分辨出其特徵的客體，例如服務、舞蹈、音樂等。在過往旅程中，主要是出外品嘗異國美食、購物、留下到此一遊的照片等，滿足基本炫耀層級的精神層面需求。雖然這是旅遊的多元動機中重要的部分，但是隨著時代進步、高等教育普及、文化水準提升，人們紛紛往高層次的人生觀邁進，嚮往從自然、人文藝術等景點中，探索自我、挖掘新意、展現個人特色與累積人生經驗等等。這些更往心靈層次為目的的旅程逐漸成為主流，成為累積獨一無二旅遊體驗的最佳途徑。

　　隨著整體生活水平上升，赴外旅遊的門檻愈來愈低，每一個個體旅遊的次數愈來愈多時，旅遊層次應已經不斷往上提升。旅遊不再只是打卡拍照、人云亦云，更應該開始找尋

旅遊中，心理層次的滿足、實踐以及創造人生的回憶等。就像藝術家們透過旅遊找尋靈感、透過旅程獲得人生的啟發、藉由旅遊過程讓自己蛻變，或是藉由旅遊提升自我的美感經驗等。隨著交通便利與運輸費用的降低，在家上網採購「舶來品」，透過 Instagram 看到世界各地即時景象等，已不是難事，所以購物和打卡炫耀都不應該是旅遊的重點。

尤其旅遊是屬於個體自主的創造過程，主體按照自身喜好，規劃出符合自己想要的旅程，旅程中的任何目的地，都是為了自己的偏好與興趣所存在，無需太過在意他人眼光。因此，如何從旅遊中發現心靈層面的「伴手禮」，顯得更為重要，因為這才是真正符合當代旅行的目的。否則若只是想到一個景點拍照，然後上網打卡，相信從 Instagram 下載專業攝影師拍的美照，可能會讓你的打卡讚數多很多喔！(請記得引用前要獲得攝影師的同意，並且附上來源。)

此外，現在網路這麼發達，只要上網瀏覽 Google 地圖的實景畫面，就可以輕鬆觀賞世界著名的風景名勝，那為何還要到當地呢？若是要滿足購物需求，現代的物流如此便利與快速，許多國際商品在台灣也買得到，何必一定要飛到當地買呢？有時商品的價差，可能很難抵過一趟旅程所付出的飲食、交通與住宿等費用。所以，在這樣的時代裡，若僅透過旅遊滿足那些隨手可得的有形商品、實質回饋，或許有點可惜。若能在一趟旅程，發現新的自我、累積在家鄉難得的美感經驗或新的創意、新的創新想法、新的視野等，才是一趟真正划算的旅程。

了解觀光餐旅之美的好處為何？若能帶著伴侶前往自己探索出來的美的景點，並且能解釋出一番道理，除了彰顯自己美感品味與文化資產外，也可以讓人看出你的無限潛能。蜜月旅遊最需要美景，散心之旅也需要美景，家庭之旅更需

要各式各樣感官的刺激，以達到寓教於樂的效果。除此之外，你的旅遊審美品味，也代表你是怎樣的人。如果旅遊審美品味有所提升，自然而然會挑選別具質感之景點與行程；同樣的，若是餐旅從業人員有較高的旅遊審美品味，以商業的角度來看，也更能吸引具有品味之旅客，而無需與大眾市場打價格戰，走出自己的競爭優勢。

　　旅遊是一種放鬆心情拓展視野的好機會，也是一種找尋靈感與認識自己的好途徑。許多藝術家最喜歡透過造訪各地的旅行來找尋靈感，當然這些靈感探索的過程中，絕非走馬看花──一趟能夠讓自己產生創意或是更加認識自我的旅程，絕不會是如此表面而膚淺，事前完整的準備、旅途中深度的探索、結束後深刻的反思，才能將這一趟旅行充分吸收。

　　旅程應如同戲劇一般，安排的高潮迭起，有高峰也有平淡之時，如此一來給予感官休息恢復的時間，預備下次接受

▲上網搜尋巴黎的凱旋門，立馬就會有一大堆照片讓你挑，但是到底從哪個角度是看起來最美的凱旋門？藍天白雲是你想要的背景嗎？當自我慢慢培養起美感後，可以透過自己的視角，找到「世界知名景點符號」最美的角度，並且予以記錄。這種具個人特色的景物記錄才是你獨自擁有的，而不僅僅是一座凱旋門而已！(注：這張是筆者從自己喜歡角度去拍攝的)

刺激時，提供完整的敏銳度。因此，動靜、快慢、大小等對比元素，是安排美學之旅時，需要顧慮到的。例如靜態的景觀觀賞、動態的泛舟活動穿插安排，方能使整趟旅程感受多元，並且能促使旅程中的身體狀態有時間恢復到足以再次接受外在對感官的刺激，以進入審美的狀態。

不過，上述所提的比較偏向是團體型態的旅程，若真的要更符合所謂的旅遊之美，套一句大家常講的「美感是主觀的」。確實，當以自己為主角進行各式活動與選擇時，當然要以自己的主觀喜好作為決策的依據啊！(不過，若是與他人有關時，切記必須參照客觀美的標準，決策方才不會造成過大差池。)

所以，真的要感受到所謂的旅遊之美，須按照自己的體力狀態、美感偏好、目的地喜好等等，進行規劃與安排，才是最能達到整體觀光餐旅美學之旅的目的。例如，團體旅客常常走的風味餐，有時候會選擇接受團客為主的餐廳。基本上，論其美食道地性如何，其實就要考慮到，畢竟是招待外籍旅客且又是商業導向的餐廳，還是會以大眾能接受的口味為主，是否可能吃到真的道地的美食，可就不得而知。然而，若是前往當地人時常用餐的餐廳，道地性程度相對就會提升，雖然不一定能讓你味蕾感到愉悅 (因為某些飲食文化強調的味道，與強調中庸的台灣料理口感，具有很大的差異)，但是至少在所謂追求新奇的感受下，心理上的滿足感，仍是存在的。

其實旅客進行觀光餐旅審美時，最好的情況是要累積自己的先備知識，包括文化和美學，美學知識如：色彩學、形式造型、媒材、美學史、藝術史等。此外，過去很多人提出各式各樣的方法來體驗鑑賞或是審美，例如：過往學者找出幾種最適合用來進行美感測驗的用詞，例如宜人

的 (pleasant)、愉快的 (pleasurable)、吸引人的 (appealing)、喜歡 (like)、敬畏 (awe)、興高采烈 (elation)、心滿意足的 (gratifying)、有吸引力 (attractive)、美麗 (beautiful)、正向的 (positive)、有趣的 (delightful)、快樂的 (joyful)、興奮激動 (thrills) 等，這些用詞剛好能呼應人們欣賞美的人事物可能會說出的字句字眼。

　　過去也曾有學者們針對旅客的旅遊目的地的美學判斷進行分類，幾種美學特徵與分類包括狀態 (乾淨的／骯髒的、保持良好的／年久失修的)、聲音 (喧鬧的／寧靜的、人造的

▲旅行時，自己想要拍攝記錄收藏的作品，當然以自己喜歡最為重要。例如這張照片，大家可能會覺得暗暗的，看不清楚有什麼？但是對於筆者來說，這張塞納河上的夕陽景，雲很厚重，雖然暗暗的，卻帶出一種悠悠的情懷，有點悲傷、有點傷感，但是黃色的光線，卻讓我感受到一絲小小曙光，帶出無窮的希望。旅遊時的攝影就如同藝術家的畫作一般，如何構圖取景，以及傳遞什麼內容，產出的人多半都是有感而發而作的，這樣的作品若是自行收藏，怎樣拍有感覺，能帶出我想要的風格，我就怎麼拍。就算是他人看完有不同詮釋與解讀又怎樣呢？不過，若主要是提供給他人使用或消費的話，我們可能就必須要從大眾能接受的角度下手，傳遞多數人較能接受的美學觀點。

／自然界的、響亮的／安靜的)、平衡 (人情味的／無人情味的、道地的／創造出來的、融入的／格格不入的)、多元性 (多元的／相似的)、新穎性 (新奇的／典型的)、形狀 (平衡的／不平衡的、圓的／有稜有角的、複雜的／簡單的)、獨特性 (獨一無二的／平凡的)、比例尺寸 (寬廣的／狹窄的、豐富的／缺乏的、人山人海的／人煙稀少的、宏偉的／別緻的、色彩鮮豔的／顏色黯淡的)、時間感 (現代感的／歷史感的、年輕的／年長的)。

再者，旅遊時審美的方法，有學者提倡十六字口訣：「遊山先問，遠望近看，登高遠眺，情景交融。」首先的遊山先問，主要是講旅遊前的先備知識，例如國家的歷史、地理、文化、特色等資訊。筆者個人旅遊前，用以提升自我對於該旅遊目的地認識程度的方式，除了查詢該國、該地區的基本知識資訊外，另外就是看大量該國、該地區拍攝的電影，或是以該國、該地區為主要背景的電影。因為，電影係為藝術的一種，觀賞時不但提升自己的美感經驗外，電影對於文化、地區、歷史等人事物的考究，也會相對謹慎，所以可以在輕鬆觀賞電影的同時，逐漸耳濡目染融入該國該地區該文化。漸漸熟悉，並漸漸與其融為一體。

遠望近看，其實此法就如同賞畫一樣，遠看大格局近看小細節。不同視角會有不同的感受與解讀詮釋的方法，要能夠仔細觀賞美景，不同視角的閱讀方式勢必不可缺乏。接著是登高遠眺，上面的遠望近看是客體的大小宏微，此處的登高遠眺，則是講述遠近。登高可讓視野更加遼闊，同時也可以看得更遠，部分景物隨著旅客的視野愈漸遼闊，亦可以看得更完整。以及最後的情景交融，這相對應該是較難想像的一種賞景方式。不過，同時也會是最能讓旅客於旅途中留下深刻記憶的方式。寄情於景，就是旅客將個人的思考想法或

情緒融入觀賞的景致中。過往，眾多文學家、藝術家，常常
透過他們的作品借景抒情，這些便是將情與景交融最好的案
例，例如：

〈與諸子登峴山〉

孟浩然

人事有代謝，往來成古今。江山留勝跡，我輩復登臨。
水落魚梁淺，天寒夢澤深。羊公碑尚在，讀罷淚沾襟。

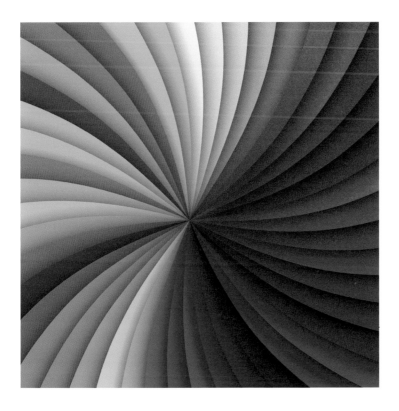

◀顏色是眼睛能最快掌握與注意到的一種形式。因此若要提升自我美學能力，對色彩學的了解是很基本的，也是很快能夠展現出成效的一門學問，其中包括整體色彩認識、配色、色彩心理學等等。了解色彩學後，就可以開始從自身的穿著打扮、居家配色、作業或報告的用色搭配等開始實踐起，很快你就會提升對顏色的敏銳度，但同時也會開始對於周遭配色不協調的人事物開始有所批判。不過，至少是個提升美學能力的起點，認識顏色絕對有助於你的美感體驗。

〈地鐵車站〉(*In a Station of the Metro*)

艾茲拉・龐德 (Ezra Pound)

余光中　譯

The apparition of these faces in the crowd;

Petals on a wet, black bough.

人群中，這些面孔的鬼影；

潮濕的黑樹枝上的花瓣

　　再者，往更細節的討論一下。各式景點景物之下，開始會有專家將其細分，並且更細緻的闡述與分析各元素的審美內容。以中國庭院景觀中，非常重要的奇石造景來説，過往傳統北宋書畫家米芾因愛石成性，歸納出四種奇石特徵：「皺」、「瘦」、「漏」、「透」。「皺」指表面多起伏形成歲月感，因此也延伸產生光影明暗的視覺感受；「瘦」指石或峰要挺拔俊秀，避免臃腫肥胖感；「漏」，上下孔穴相通，可看出明顯凹凸起伏；「透」指玲瓏多孔、外型輪廓飛舞多姿。

　　不過，隨著時代改變、社會風氣與價值觀轉變，過往那些與美相反的奇石審美特徵，也因而轉換。當代賞石會使用「形」、「色」、「質」、「紋」的概念進行石頭的鑑賞：「形」係指石頭的形狀；「色」係指石頭色彩色澤；「質」係指石頭的質地觸感；「紋」則是指石頭上紋路清晰與流暢之情況，而這四項特徵以其新奇具特色者為佳。

　　上述列舉了幾種角度，幫助你在觀光餐旅審美過程中，可以觀察、鑑賞與批判。當然還有千千百百種角度存在，但是，無論用何種審美的方式，最主要就是要張開你的感官、提高你的感官敏銳度，先開始感受與接受旅程中給你的刺

激，進一步去體會你的情緒感受，才是最佳
的切入做法。

　　在每一趟旅程中，我們雖然可以單方面
地欣賞旅程中各種視覺、聽覺、嗅覺、味覺
及觸覺的符號表象，透過欣賞其形式獲得心
靈的滿足，但是若想要更深一層，或是讓整
個旅程更加豐富且留下更深層回憶時，對於
符號背後所代表的意義之追尋與探索，就變
得更加重要了。

　　例如，尚未學習法國文化與語言前，法
國之旅往往就是重要知名符號的蒐集 (看旅
行社團體旅遊的法國行程與景點)。學過法
國文化、歷史及語言後，旅程會更有深度，
或許會想去看看瑪麗‧安東妮與路易十六被
砍頭的地方 (La concode)，在協和廣場看
著當今和平的表面。想當年法國大革命時，
曾經有多少的貴族，因為人民的不滿而在此
被推上斷頭台，也因此開啟法國歷史另一段
新榮景的開始。也因為這段歷史，促使法國
美食文化從宮廷向民間流動傳遞。如今，再
回頭看看瑪麗‧安東妮與路易十六曾經享樂
無限、榮華度日的凡爾賽宮，它還僅止是絢
麗、榮華富貴的表象嗎？還是有更多意涵與
故事性呢？另外，因為開始對法國語言的了
解，接下來會想要慢慢駐足於街道、博物
館、小酒館門前等，看著這美麗的語言，到
底想傳遞給我們什麼資訊。這樣的旅行方
式，會不會讓你更在地、更深刻？留下更美

▲一杯平凡的飲料，加上光與影子以及
周遭環境，也能傳遞出不同的意境與
感受。其實學習美學的好處就在於，你
會發現世界上、生活上有許許多多的元
素，能夠讓你的人生更加豐富與精采。
很多元素可以讓你的感官接受到各式各
樣多元不同的刺激，產生眾多不同的感
受與情緒，並且增添你自己的創意與新
想法，還不趕快來學美學？

好的意義呢？

　　法國著名社會學大師、人類學家和哲學家皮耶‧布迪厄（Pierre Bourdieu）就指出，個體文化資本的提升，是能夠幫助旅客更有深度且更充分融入旅遊目的地，同時累積自我文化資本的最佳方式。而且，具備足夠的觀光餐旅美學資本，對於自身在旅遊途中的審美判斷與鑑賞所提出的批判，才具備說服力，否則僅是無意義的批評罷了！

　　如同上述所提的文化資本的概念，每個遊客的美感與其過往學經歷、家庭成長背景、嗜好興趣等亦有所關聯，所以

▲觀光餐旅美學中，往往有許多行程與元素都是已經融入眾多美學成分進行設計與規劃的。圖為中國大陸山東曲阜的定目劇《孔子》，整體劇情與舞台效果極佳，尤其洪水來臨的橋段，氣勢磅礴，整個情緒都緊張了起來。這樣的感受，必定要親臨現場才能感受得到。所以到底觀光餐旅美學在學什麼？其實就是學著如何讓你的感官感動，進而嘗試刺激他人感官，並也能讓他人感動，並且留下難忘的回憶。

各種客體接觸時，會有各種層次不等的解讀與感受。不過，不得不再次強調，若自知過往美學相關經驗不足，切勿以「美感是主觀」為由，擅自大肆批評一番，否則僅讓人覺得自以為是罷了。先前有學者主張美感體驗是感官、認知判斷與意義建構所共同累積創造後的結果，因為僅是感官上的審美以及獲得的情緒感受，未免流於不夠實際；若僅使用認知進行判斷，則會形成沒有相關知識背景者，無法進行審美之餘慮。因此，整合感官、認知，加上對自我意義上的建構，可以形成更加完整的美感體驗享受，以不斷增進自身的美感能力。

讀萬卷書行萬里路，其實很多事情並不是說讀書沒有用，而是透過五感直接在現場接受到的刺激會更直接、更顯著。例如，小時候讀過位於中國大陸貴州省的黃果樹瀑布，當你有機會親身站在黃果樹瀑布前，不但眼觀水流、耳聽流水聲、鼻聞水的味道、手觸碰到濺出的水花，甚至用手接水，透過舌頭嘗嘗味道等，運用了多種感官去接觸到黃果樹瀑布此客體，然後各感官分別留下一個對它的感受，印象會更加深刻。

旅遊過程中牽扯到的學問，廣泛包括了自然科學與社會人文科學，只要仔細地觀察與提升自己的好奇心，一趟旅程下來絕對獲益良多。許多視覺感官美景加上了聽覺享受，愉悅情緒感受加倍，若再加上香氣、和煦微風等，更多感官正向的感受，絕對會讓人對此景點留下正面的回憶，而這就是觀光餐旅美學之旅需要去探討挖掘的。

旅遊之美，有時就美在我們逃離了日常生活的煩雜，有了更多的時間聚焦在觀察上。這些觀察所帶來的情緒，或多或少就會造成我們旅程中回憶的正向或負向。透過五感去享受旅程時，當然選擇自己喜歡、適合且具有完整五感體驗供

應的景點，除了提升美感經驗之外，別忘了！這些五感正向的刺激，常常牽引著我們邁向正面的情緒反應，正面的心理，對生理也有正向的回饋。就如同循環一般，無限輪迴下去。美景也是轉換人類負面情緒為正的最佳方式，所以，旅遊對於部分疾病的效益，是時有所聞的。因此，歡迎踏上觀光餐旅美學之旅，這一趟旅程絕不是單純的走馬看花，而是從旅途中提點你，如何注意各式各樣觀光餐旅相關人事物美的傳遞，進而透過注意、觀察、鑑賞來提升自我美感，累積自己的文化資本，成為一位有品味的觀光餐旅人。

參考文獻

1. Bourdieu, P. (1984). Distinction: A social critique of the judgement of taste: Harvard university press.

2. 陳玲璋 (2013)。全觀性美感體驗對學校教學意涵之探究。藝術教育研究，25，109-135。

3. Saito, Y. (2010). *Everyday Aesthetics*. Oxford, UK, Oxford University Press.

4. Blijlevens, J., Thurgood, C., Hekkert, P., Chen, L. L., Leder, H., & Whitfield, T. W. (2017). The Aesthetic Pleasure in Design Scale: The development of a scale to measure aesthetic pleasure for designed artifacts. *Psychology of Aesthetics, Creativity, and the Arts*, 11(1), 86-98.

5. 梁志偉 (1999)。傳統賞石理論面臨挑戰──從「皺、瘦、漏、透」到「形、色、質、紋」。上海地質，20(2)，56-59。

2

品牌、形象
與企業識別
系統之美

許軒

(圖片來源：Jeff Li)

因應對當代全球觀光旅遊風氣盛行，各國為打造最亮眼吸睛的旅遊目的地品牌，無不積極對外營造出最動人的那一面。無論是形象官方網站、代言人、觀光宣傳廣告與影片、旅展形象釋出、行程推薦、故事行銷、主題行銷等，不斷透過各式美的元素刺激潛在旅客的情緒，產製出吸引人蒐集的符號。

你知道遊樂園、博物館、節慶活動、旅行社、旅館、餐廳、交通運輸工具等觀光旅遊過程中必然接觸到的各個元素，都擁有自己的品牌嗎？這些品牌到底想傳遞什麼訊息呢？其實我們可以從品牌的命名、識別標誌 (logo)、宣傳語 (slogan)、網站、宣傳單、影片等企業識別系統 (Corporate Identity System, CIS) 中，以美學的角度來略知一二。從美出發外，旅程中的各項重點元素，都得符合本趟旅程主軸──美。就讓我們透過探索各國形象與各個觀光餐旅企業之美，讓美學之旅，從美出發。

企業識別系統的概念迄今已發展數十年之久，國際眾多企業早已開始將此系統貫徹整體企業內外，使企業給人一套

▼世界各大文明國家的符號都是非常獨特、明確鮮明且具有代表性的，所以往往簡單幾個元素就可以讓人知道這是販賣哪國的文化元素。因此，通常以文化為主軸進行企業的視覺識別設計時，引用多數人能夠了解或是辨識的顏色、形狀、材質等，可以有助消費者對於該企業有正確的期待。

◀透過簡單的形狀就能快速地讓人看出這間店葫蘆裡賣的是什麼藥。通常具象化的商標設計，最能夠讓消費者一目了然，快速掌握企業可能的商品，並且快速決定是否進入消費。

穩定、一致且個性鮮明的形象，以塑造出自己的品牌個性。其實品牌個性就如同人格特質一般，具有特定的特質與特徵，得以讓一個企業因為其特性被他人明顯辨別出來。過去學者曾經研究出五種品牌個性，包括真誠性 (務實的、實際的、誠實的、對人有益的、令人高興愉快的)、激動興奮性 (大膽的、熱情的、想像力豐富的、走在時代尖端的)、可信賴性 (可靠的、聰穎的、成功的)、品味性 (高級的、迷人的)、粗獷強健性 (戶外路線的、粗曠的)。當然就如同五大人格特質一樣，不可能只有單一個性，所以通常一個組織的品牌個性都是多重的，至於包含哪幾種，就是要看老闆自己的設定囉！

　　基本上來說，為傳遞完整的品牌特質，一套完整的企業識別系統是不可少的，其中包含了理念識別 (mind identity)、行為識別 (behavior identity) 以及視覺識別

(visual identity)，會被消費者最頻繁見到的就是視覺識別。

　　一個良好的視覺識別設計，是一間公司各式各樣視覺呈現時的重要根源。當今大家最常透過品牌名稱、識別標誌以及宣傳語等組成視覺識別，來辨識一個旅遊目的地或是觀光餐旅企業品牌。不要看少少幾個字或小小一個圖形，這些文字與圖案有助於他人辨識此一品牌與其他品牌間的差異、特色、內容等。所以，該用什麼樣的內容、字型、顏色、排版等，都要格外講究。

　　不同的顏色，傳遞不同的情緒。強調溫暖的感受時，會使用紅、橙、黃等色調；講求柔美柔軟時，會使用白色調；突顯剛硬特質時，則會使用黑色調等。不過，顏色使用上也要注意其共存的正負面意涵，例如紅色讓人感到溫暖、親切、醒目、華貴等，但是紅色也可能代表血紅色的戰場意象。

　　另外，不同的字體，也透過形式上展現出品牌個性與特質，陳述著不同的背景故事。例如，無襯線字體會給人一種活潑、輕鬆簡潔有力的感受；襯線字體則是給人正規正經的感覺。因此，在不同品牌特性，就得選擇相對應的形式。

　　因此，近年來國際眾多旅遊目的地都很重視各自對外觀光品牌形象的宣傳，定期會對自身的識別標誌、宣傳語等進行更換，例如 2011 年前台灣觀光品牌宣傳語「Taiwan,

▼台灣觀光識別標誌與宣傳語。下圖左側為 2001 年起使用的標誌，以毛筆筆觸呈現，每一個字都有其形象意義，主要展現出主人與客人互動之情，右上角以印章展現出台灣島嶼地貌，最後於下方放上宣傳語以強化整體意象。下圖右側為 2011 年啟用的觀光識別標誌與宣傳語，用全新的字型與標語加上融合台灣多重元素的愛心圖形，呼應宣傳語中的「Heart」。(圖片來源：交通部觀光局)

Touch Your Heart」，將台灣人情味透過宣傳語予以傳遞。2011 年後，更換新的品牌形成「Taiwan——The Heart of Asia」後，傳遞出一種地理位置的概念。

　　因此，過去也有研究分析各觀光旅遊目的地宣傳語內容，並列出幾個宣傳語分析重點，包括：字數多寡、空格存在與否、有意義字詞數量與內容、品牌名稱是否融入於宣傳語中、品牌名稱的位置 (例如：宣傳語以外、置於開頭或結尾)、整體宣傳語內容之定位 (例如以強調目的地特色的供給導向，或是以吸引旅客來此地執行特定的活動與行為的需求導向等，進行設計)、融入地理位置相關內容、宣傳語的宣傳重點 (例如強調旅遊目的地夠好夠棒，所以值得旅客前往旅遊與消費，或是針對整體或特定的旅遊景點進行描述與宣傳，又或是僅強調獨特性，針對具有獨家吸引力的人事物進行宣傳等)、宣傳語的語意內容 (強調認知層面或以情感層面打動人，又或是以鼓勵旅客行動為主)。以上的宣傳語設計重點，你也可以對照一下前面提到的台灣觀光宣傳語的內容，推測看看他們是融入了哪些手法來設計宣傳語的。

　　國際上許多旅遊目的地宣傳語也很值得學習，像是希臘的宣傳標語「希臘，經典永恆 (Greece, all time classic)」，以「經典永恆」四字，傳遞出古希臘時期所發展出的藝術、人文、哲學、數學等，對於後來全球文明所造成影響的根基的意涵；法國的「在法國見 (Rendez-vous en France)」則是透過一個動態的動作動詞，來鼓吹旅客行動。

　　另外，企業識別系統還可以透過廣告的方式呈現，尤其代言人效應，更是廣告行為最愛使用的元素之一。例如台灣交通部觀光局於 2018 年針對日本來台旅遊市場，以清新形象長澤雅美作為代言人，企圖營造台灣旅遊高質感形象。並

▲尿尿小童拿著鬆餅，相信大家看到這張圖時，應該都可以猜得出來這是比利時吧！舉世聞名的比利時布魯塞爾的尿尿小童，站在鬆餅店前面，讓人目光不停留也難，並且很想與他合影留念，而這就是最好的廣告宣傳手法。

且，此代言企劃以「Meet Colors！台灣」為主軸，透過多元色彩傳遞台灣是一個多元文化融合、多重吸引力等意象之旅遊目的地。藉此對日本旅客營造出有別以往，具有新意與差異化的台灣旅遊形象，以吸引更多的日本旅客來台。

近年來，韓星效應大舉入侵全世界，因此韓國觀光公社對外觀光宣傳影片，總是有眾多韓國明星與偶像團體的身影，並且常以邀你同遊的姿態與內容方式進行拍攝，誘使螢幕前的粉絲們心癢癢，忍不住就訂下了飛往韓國的機票。其實，看著有明星代言人出現的旅遊目的地廣告，你真的只是單純被該旅遊目的地吸引呢？還是因為代言人的美貌，而被吸引前往呢？以過往最喜歡運用明星代言人增強廣告效應的日本來說，旅客看了某日本團體帥氣的外型前往日本旅遊後，當然不一定有機會可以看到該團體。但是，從一下飛機開始，就會看到該團體的大幅劇照或是人形看板。另外，旅程中也會持續出現許多海報、廣告燈箱、大型螢幕動態廣告或是廣告歌曲等，促使迷哥迷妹們上前合影。所以，觀光旅遊的明星代言人效應優勢，不言而喻。

不過，以往學者研究過，代言人除了上述討論與美感有關的吸引力 (例如引人注意的、流行的、帥氣/美麗的、優雅的、性

▲不只拿鬆餅，尿尿小童拿捧花？喔！不是啦！這是某比利時知名美食之一薯條餐廳的廣告招牌。透過一地知名代言人形體，真的可以為自己的品牌加分不少，讓旅客紛紛拍照留念。(不過，也要透過一些有創意的方式來結合自身產品與著名代言人商標，才會真的吸引人的目光唷！)

▲沒有人說具有廣告效應的吉祥物一定要很美很可愛啊！這個薯條店的廣告吉祥物長得還真的蠻「特別」的，是不是讓你突然一看有點嚇到，但是再仔細一看會有點想笑呢？其實透過美感的角度進行各式各樣的形象營造與企業識別系統設計時，除了愉悅等正向感受外，不要忘了感官刺激還有其他選項唷！

感的) 外，代言人其實還包括可信性 (例如可靠的、可信的、誠實的、值得信賴的) 與專業性 (例如專業的、經驗豐富的、知識豐富的、有資格的、有技術的) 等概念。不過，兩個因素裡頭的項目，例如可靠的、可信的或專業的等概念之形象，也是可以透過美學的角度去形塑出來。像是坊間眾多形象魅力打造的書籍，就是教人如何透過外貌裝扮改造，以塑造出讓人信服的特質。

延伸上述代言人效應的概念，在觀光餐旅如此注重顧客服務的產業裡，也會特別重視第一線員工的外貌、可信度與專業度，所以會對員工進行服裝儀容等嚴格的設計安排與訓練，企圖透過外貌的打造以及專業的行為態度，傳遞給顧客可信、專業且愉悅的感受。畢竟頻繁與消費者接觸到的員工，也是傳遞企業信念很重要的識別符號。

國外研究曾指出，旅館前台與餐廳服務人員是最重視也最需要重視的兩個餐旅產業部門。旅館顧客進門後，首先會長時間面對面接觸的就是旅館前台服務人員，而且這也是顧客對旅館第一印象的重要來源。所以，符合企業形象樣貌與打扮的旅館前台人員，是在讓消費者思考是否符合自己心中需要或預期的最佳評量項目之一。

再者，餐廳裡的服務人員樣貌是否與餐廳的形象相符合，以及讓消費者感受舒服或是愉悅感，亦是很重要的。因為，在餐廳的

▲國際知名的米其林主廚喬爾・侯布雄 (Joël Robuchon) 的微波食品，就是以他本人相片作為消費者識別選購時，最吸睛的代言人。看著他穿著專業的廚師服，加上他本人國際知名美食權威的名氣，是不是已有一種「這款商品絕對好吃」的想法了！

用餐時間，正常餐飲形式的話，少則半小時，多則可能數小時。因此，當消費者坐著無聊時，或是想要用眼睛探索整體餐廳時，服務人員會是最頻繁映入眼簾的重要因素。尤其，服務人員具有移動性的特質，所以對於吸引人的注意力會更加提升。因此，此兩類服務部門，特別重視員工的外貌，亦是理所當然的。

　　本單元對於觀光餐旅組織企業的品牌、形象建立以及企

◀日本服務人員傳遞給顧客的笑容讓人覺得非常真誠與感動，其實真笑與假笑在臉上是有角度上的差別的。若你也想要笑出如同照片中服務人員真誠的笑容，可以試試看不同的嘴角上揚以及眼睛彎曲角度，哪一種組合讓人感到真誠，又能保持美麗或帥氣的面容。

業識別系統進行了一番簡述，這些內容中，許多範疇都是牽扯到美學概念的運用。像是企業品牌的命名、文字字體的使用、圖形的選擇、廣告的設計、代言人的選角等視覺感官的接觸。

另外還有其他感官因素，因篇幅關係暫時無法納入本書。例如像是廣告歌的編制、服務人員聲音與話語內容、企業中各式與聲響相關的元素等聽覺元素的考量；再者，像是在中式餐廳中的廁所，使用具有濃濃中式風情的檀香精油，以符合整體一致形象的嗅覺考量，或是中菜的特色味覺，以及木頭、竹器等器皿與家具的使用，以滿足中式主題的觸覺感受等。這一連串能接觸到顧客的感官刺激，務必都要讓顧客有一致性的感受，不至於讓顧客沉浸於企業主設定的主題後，卻半途中被抽離出來，而無法留下美好的回憶。

參考文獻

1. Galí, N., Camprubí, R., & Donaire, J. A. (2017). Analysing tourism slogans in top tourism destinations. Journal of Destination Marketing & Management, 6(3), 243-251.

2. 交通部觀光局 (2018)。台灣觀光 CIS 標誌品牌使用規範簡要說明。

3. 交通部觀光局 (2017)。觀光局簡介 (中英版)。

4. 林昆範 (2008)。色彩原理。全華圖書。新北市：台灣。

5. Ohanian, R. (1990). Construction and validation

of a scale to measure celebrity endorsers' perceived expertise, trustworthiness, and attractiveness. Journal of Advertising, 19(3): 39-52.

6. Aaker, J. L. (1997). Dimensions of brand personality. Journal of marketing research: 347-356.

Part 2

歡迎搭乘
航空美學專機

3

航空餐飲
美學

天空中最精緻的
餐飲服務

徐端儀

(圖片來源：Nicole Tequila)

機上餐飲由名廚設計菜單，佐以精選佳釀……，並有三項創新服務，餐前供應調酒和法式開胃小點，還可在吧台享用全套歐式早餐。在三萬英尺高空細細品味一杯皇家基爾，佐法式小蛋糕，令人驚訝原來飛行也可以這麼優雅……

這是 V 航 2016 年最新商務艙廣告，不仔細看「機上」、「三萬英尺」等用語，感覺與高級餐廳無差矣，讓你幾乎忘了其實是在搭乘航空運輸，腳沒著地、人還在高空呢。

▲三萬英尺高空吧台一景 (圖片來源：Dmitry Birin / Shutterstock.com)

美學的日常轉向

　　過去談美學，講的是高高在上的藝術品，如今已轉向於日常，只要能帶來正面愉悅，就是美感體驗。這些想法從我們生活接觸層出不窮的設計品項，到密集出現的廣告行銷，一切都是大家熟悉不過的現象，足見日常美學概念已深植人心，航空產業亦然。

　　美是一種哲學思考，美學是討論美的感受，卻很難三兩句說得清，因為個體是主觀的，對美的領略不同，我們只能對所有正面、愉悅之感，籠統稱作氛圍美學 (Atmosphere)。氛圍是一種美學態度的延伸，已成當代消費的重要指標，藉由種種操作，可以撩撥消費者的情緒。

　　餐飲美學重視五感，食物除了味覺、嗅覺，其他像是配色、擺盤、餐具……等，以及所有相關配置，都算是輔助工具。創意可以讓體驗更多元，觸發個體的感性訴求，與心交流的餐飲體驗，讓吃不只滿足口慾，更成為某種懸念。一般在餐廳環境中，顧客知覺的元素包括設施美學 (facility aesthetics)、氛圍 (ambience)、燈光 (lighting)、餐桌布置 (table settings)、空間布局 (layout)、服務人員 (service staff) 等，其下涵蓋裝飾畫作、裝飾品、顏色、家具、音樂、溫度、氣味、燈光、餐具、餐巾、餐桌布置、桌椅及設備空間配置、服務人員外貌等，都與美學息息相關。

　　飛行的美學，談的不只是價格評比，這方面歐陸航空公司向來表現搶眼，像是冰島航空的極光彩繪辨識度高，芬蘭航空與織品設計合作的印花相當清新，荷蘭航空一直是設計迷的最愛，俐落的設計不但實用，還帶點童趣，法國航空的優雅品味更是首選。在機上餐飲方面，食安與衛生條件與一般餐廳相仿，惟受限於環境因素，必須在其他附加價值上多

▲英國牛津大學學生食堂已成觀光勝地 (圖片來源：Dianne Shee)

著墨，像服務手法、整體氣氛等等，才能有效提升餐飲服務品質，而這些都屬於餐飲美學的重要範疇。人性追求自主，研究結果發現顧客喜歡有掌控感，因此若能提供較多選擇，自然能夠提升體驗品質。對於經濟艙來說，航空公司主要考量的是儲存與派送方式，能提供的餐飲選擇不多，頂多只能在外觀、分量方面做變化。高等艙雖然仿效高級餐廳，但客觀條件依舊，多數還是重複加熱，像明火快炒之類的限制，永遠無法克服。近年來改絃更張，嘗試跨界合作，與米其林餐廳主廚合作、採用在地食材，甚至設計工作者合作餐具，主動製造話題，引發關注，以品牌帶動績效。

機上餐飲服務沿革

航空業是一種移動性的服務，運輸本質各家皆同，但是服務方面，可以利用差異化勝出，取得競爭優勢。然而服務又是主觀的，感受自在人心，要滿足客製化，要下功夫的地方，除了看得到的硬體設施，還包括無形的服務接觸。

服務接觸 (service encourter) 的定義很廣，泛指與消費客的互動過程，就是一種服務傳遞。以機上餐飲而言，不僅僅是客艙中直接所見的餐飲流程，還包括後場支援系統，像是空廚、餐勤與運務等。

空中商業運輸起始於 20 年代的歐洲，30 年代開始引入空中服務員，為因應機上服務多樣化，機上開始出現空中廚房。

從航海大發現開始，海運一直比航空發展來得早，因此許多機上設施名稱皆由海運而來，包括「Galley」一詞，也引自海上廚房。Galley 草創時期無水無電，只供應簡單餐食，後來逐漸發展出大型電熱設備，才開始供應加熱過的熟食。60 年代空中交通突飛猛進，進入噴射機時代，各地開始廣設空廚，空中餐飲服務內容大幅提升，走奢華路線的頭等艙出現，水晶杯中裝的是美酒佳釀，同時發展出一種折疊式推車，利用它可以進行各種桌邊服務，沿用迄今。從此機上餐飲開始走向享受，非僅於此，因為國際航線大舉拓展到亞非，地方色彩的菜式也開始加入，其中中式餐飲就頗受歡迎。

70 年代又是另一個里程碑，因為廣體客機有雙走道，對 Galley 要如何供餐，是一大考驗，幾經測試，現行的餐車終於登場。今日以餐車作為派送餐點的方式，已被乘客普遍接受，很多人搭機特別期待餐車派餐的時刻，空服用餐車

▲中東航空連商務
艙也奢華（圖片來
源：Dmitry Birin /
Shutterstock.com）

發餐收餐，乘客吃餐盤中的機上餐，就成為空中餐飲一大特
色。至於商務艙，乃至後來的豪華經濟艙，反而是在頭等與
經濟艙出現以後，為增加營收，集思廣益下所發展出來的中
間艙等。

　　自 1969 年波音 747 進入航空業，到 2007 年 A380 雙
層巨無霸加入運營，從此內裝空間增加許多，實現了許多過
去只能想像的事，譬如以往只是花錢買機位的概念，不敢奢
求隱私，如今床椅兩分，還有鋪床服務；當你從雙人床睜開
眼，可以走去淋浴間梳洗，有家一般的自在；無聊時可以走
去逛逛空中商店，不用眼巴巴等空服人員推車過來，甚至還
有包廂可以開趴。當然，舉目所見皆名家設計，極盡奢華，
這些成本自然是轉嫁到消費群，所以目前 A380 只在全球重
點城市有航點，畢竟還是需要有足夠的高端消費客群支撐。

因應時代不同的需求，近年來餐飲內容有精有簡，有些航空公司的高等艙有酒吧可暢飲，也有低成本的航空 (Low-cost Carrier，簡稱 LCC) 完全不供餐，連喝杯水也是，除非另外付費，機上餐飲服務逐漸走向 M 形化發展，是值得關注的新議題。

機上餐飲美學

飛機客艙是一個密閉空間，空間這東西摸不到，卻感受得到，簡單來說，只要乘客覺得是正面的、美好的，都算是美感體驗。

當我們看到 V 航廣告中，對商務艙所形容的奢華，馬上會勾勒出衣香鬢影、美食醇酒的畫面，「好想知道在三萬英尺高空吧台，吃全套歐式早餐是什麼感覺喔……也好想喝一下什麼是皇家基爾？」你心中的每一個想望，都會成為消費利基，但是何謂「氣氛」呢？其實很難具體定義，簡單來說是透過機上空間與餐飲的選擇與搭配，創造感官新體驗，成為具有競爭力的優質服務。

航空公司則針對高端顧客，提供了選位、用餐時間與餐飲的客製化選擇。餐點除了美味與否，品牌與餐飲趨勢也逐漸成為機上餐食的重要考量。例如法國航空邀請米其林主廚為旅客製作餐點，提升整體機上餐飲體驗之尊貴與奢華；再者，新加坡航空因應時代趨勢，主打健康養生有機套餐，呼應旅客的餐飲習性與需求。當然餐飲的擺盤、布局等，已經是必備因素，如何將各項食材搭配究極，強化視覺感受，挑逗旅客味蕾，這些都是各大航空不斷研發中的商業機密。

接著，餐食的器皿、調味罐及餐巾等餐桌布置元素，也是當代航空公司提升旅客機上用餐體驗思考的重點，瓷器餐

具、水晶酒杯、不鏽鋼刀叉、具設計感的調味罐等高級餐具的使用，促使旅客彷彿置身於高級餐廳用餐一般。更有許多航空公司提升器皿使用的檔次，提升顧客中心的身分尊貴感，像是新加坡航空使用 Wedgwood 骨瓷餐具、長榮航空使用葛萊美設計大師蕭青陽所設計之餐巾等。

最後，提供旅客餐點選擇的菜單及酒單，當然也屬於整體機上餐飲體驗的重要環節，整體的設計、色彩的運用、紙質的選擇、印刷的品質等，都是整體體驗中不可或缺的環節。例如前面提過的葛萊美設計大師蕭青陽，長榮航空甚至邀請蕭大師一併設計菜單與酒單，利用同心圓概念的剪紙風格，將台灣原生種生物圖騰納入，成為視覺一致性的LOGO，讓航空公司的服務用品有特色，與品牌形象做連結。

▼客艙美學重點之一是情境燈光 (圖片來源：Sorbis / Shutterstock.com)

　　文化向來有屬地性，機上餐飲美學亦同，各地飲食文化風俗不同，如能建立優勢，仿效愈有門檻，優勢就愈持久，才容易在產業競爭勝出。美感體驗雖主觀，乘客感受卻相當實際，踏入機艙，迎接你的是很有設計感的備品，用餐時手上拿的是精緻的餐具，當然還有好吃的食物，這一切一切所帶來的感官愉悅，是最直接不過的感受。因此對航空公司來說，機上林林總總何其多，只要能夠誘發消費者的正面情緒，都在航空餐飲美學範疇之列。

　　從設計帶來的感官愉悅，是美感體驗較客觀的部分，硬體之外的人員服務是軟體的重頭戲，比較主觀，如能夠做出好口碑，讓乘客透過記憶去連結美好，不管是別人說的，還是自己的經驗或想像，都可以積累、強化當下的愉悅，引發連續正面效應。到最後，甚至還沒踏上機門，就開始期待，機票還沒買，腦海就浮現某某航空的 LOGO，好的共鳴持續不斷，讓潛在顧客變成搭機忠誠的鐵粉，才是航空餐飲美學的終極目標。

4

和食之美

吃過商務艙的日式料理沒？

徐端儀

(圖片來源：Jeff Li)

旅行不是單純的移動，它不僅帶領了文化的交流，更引領前往夢想彼端。透過不斷移動，讓台灣飲食文化在空中交流……懂得品嘗就懂得愛，懂得愛就懂得生活。

對台灣人而言，搭機出遊已成國民小確幸，搭機會有不同於日常的感覺，而且還很真實，飛機有起降有亂流，你的身體會有飄浮感，還可以吃很特別的飛機餐，它不只是時空移動，還是感官共振之旅。

從這篇商務菜單的序文，清楚明白告訴你，機上餐飲是一種體驗，將吃這件事，從簡單生理需求提升到更豐富的層次，文字在視覺、嗅覺、味覺之間穿梭。在移動航空器中，美饌是夢想的實踐，不同生活文化的交流。

從文化研究看機上餐飲

我們慎選本地環保食材，不時更新菜單，加入時令新鮮蔬果，更備有輕食及健康餐膳以供選擇，為增添味覺享受，特意獻上系列得獎餐酒，讓空中用餐體驗更愜意！

有別於前，這又是另一份商務艙菜單，把菜單當文本，每一家航空詮釋的重點不同，這裡強調低卡健康「新料理」風潮，部分航空公司的菜單還會貼心注明卡路里。60 年代法國開始改變原本濃稠的醬汁，飲食簡化的概念逐漸席捲歐洲，旨在尊重食材與輕食化。這股風潮後來甚至吹到美國，發明加州卷這種改良日式手捲，裡面加了日本料理從來沒有的酪梨，然後又從西岸回傳日本，就像日本庶民美食的可樂餅、紅豆麵包一樣，都是不同時期全球料理文化交流的見證。

　　當你開始有想吃的慾望，一定會有很多起心動念，無論是記憶裡咀嚼美食的滿足，還是想起朋友宴飲的暢快，甚至食物入口前那每分每秒的期待，都充滿了對味覺、嗅覺與視覺的五感想像。對於好吃這件事，它不只是嗅覺與味覺的共感，還會產生視覺上的觸感，誘發你內心的美食記憶，勾起誰曾說過的話，諸如此類，這種被幸福包裹的感覺，都是對美感的體驗。

　　人之所以和其他動物不同，從吃的方面來說，人類是雜食性動物，除了因地制宜有複雜的飲食內容，還發展出整套用餐禮儀，從此吃除了滿足生理需求，還有心理與社會層面。像西餐禮儀以手直接取食麵包，便是基於分享的概念保留迄今。用餐禮儀並非人們與生俱來的本能，就算麵包是西餐主食，但英國人其實更偏好夾餡的三明治，因此用餐習慣沒有絕對。

　　機上食本身就是高度分工的過程，中間有許多高度專業的環節，當乘客端坐於餐桌，就是一場情境化的展演。如同劇場一般，不管是食材、菜單、流程，餐具，甚至到環境氛圍，每一幕都有巧思，就算是西式餐盤也各有特色，英式喜歡有延伸感的圖案，像是蜿蜒的藤蔓；北歐喜歡質樸俐落的線條圖案；亞洲因為卡漫風潮，許多彩繪機餐飲都有趣味盤飾，像 kitty 餐具等等，製造驚喜連連，所以很多人喜歡在媒體網路 po 機上餐飲，畢竟不搭商務艙還吃不到，物稀為貴，它就成了符號化的文化資本，個人品味秀異的區辨。

從酒單與菜單開始的盛宴

　　文字料理的敘述開始得非常早，但是酒單與菜單的普及，與古騰堡印刷發明有直接關係，從此與法國烹飪、評

論、文學之相關檔案匯聚成美食學，在料理傳承的歷史脈絡下，後來才會出現官方米其林指南。20 世紀以後，慢活健康等元素的「新料理」蔚為風潮，賦予主廚更多發揮空間，將料理視為個人創意的表現。

　　過去除了貴族宴飲，庶民吃得簡單，法國大革命後才開始有大眾餐廳，這時酒菜單才正式登場。當然以前也有飲食紀錄，但都只有簡單記錄而已。18 世紀以後出現的菜單，除了寫出每道菜的順序，還包括烹調配料醬汁產地等細節，有時還會加上美化修辭，以及一些專業術語，有時還會加上簡單繪圖，起初只是出於好意，讓食客預知出菜內容，後來卻成為研究西方飲食的重要原始檔案，因為它開始文化化，使得整份菜單有濃濃文藝味。許多高級餐廳所使用的菜單裝幀成冊，字裡行間有詩意，文體優美，而且拒絕使用太寫實的照片，認為會破壞想像，純文字較有詩意，這種想法影響至今，包括台灣許多高級餐廳，以及機上餐飲，都採用類似方式。而且還有一個非常重要的概念，就是酒單要和菜單分開，各自成冊，就算合而為一，也要前後區隔。

　　酒單出現還有另一個關鍵，就是玻璃瓶裝技術的突破。

▼品酒是很五感的體驗
(圖片來源：倪惠兒)

過去葡萄酒有宗教療癒等功能，中古時期是將酒類儲存於酒窖酒桶，喝的時候再分裝。酒瓶出現以後，品質與容量能夠穩定，加上有品評基礎，還有瓶身酒標的設計，可以提供基本資訊，逐漸地菜單上才有酒名，開始講究餐食與酒的搭配。1928 年米其林的誕生，加上觀光旅遊的國際交流，使得品酒專業大幅提升，從此品酒不再只是感官，而是延伸到風格休閒等不同文化領域。

葡萄酒是會活化的有機體，我們常看到平底有凹洞是為了雜質沉澱，酒瓶平放也是為了讓軟木塞保濕。葡萄酒佐餐有幾個搭配原則，像是對比、融合或地區等等，不過有時也有例外或驚喜。紅葡萄酒是果肉、果皮加籽一起發酵，所以酒體陳郁，適合紅肉；白葡萄酒因為去皮去籽，單寧少、富果香，適合海鮮。

法國是一個喜歡哲學思考的民族，喜歡用不同角度品評葡萄酒，除了最基本的品質分級，其他包括飲用方式、盛酒杯皿、佐酒小食等等，甚至把酒擬人化，我們常說酒體如何如何，酒單也常見一些隱喻詞彙，例如細緻帶甜是女性，猛烈相對是男性，入口陳郁的是老年，清新的就是新酒，如此匯聚成龐大知識體系，讓原本單純的農業再製品轉變成具有高度文化意識的表徵。

這款酒洋溢著白花、洋槐與青蘋果、檸檬的香味，酒體平衡，清新細緻，充分展現夏布利白葡萄酒的優雅、深刻，適合搭配蔬食與海鮮。

這款葡萄酒呈紅寶石色，洋溢紅櫻桃、黑醋栗、李子等紅色水果香味，以及似有若無的烤土司深沉香氣，建議搭配中等或略重口味的佳餚。

　　上述兩則酒單內容摘錄自某航空，字裡行間有許多美化文字，很明顯不是只有介紹品項，而是一種個人感性訴求，希望美酒當前，在座乘客可以品嘗葡萄酒的顏色、香氣與口感，享受感官之樂。

　　傳統西餐配酒不能每道菜像配料那樣事先配好，需要食客自行挑選，但這套遊戲規則對非西方乘客的確造成困擾，因此航空公司的實際做法是，高艙等多半酒菜單一分為二，酒單會另注建議做法，就像前面所舉出的實際案例，按圖索驥，從中體會飲酒之樂。

　　嚴格來說，機上酒單不只介紹酒精飲料，一般大區分為調酒、烈酒、葡萄酒、啤酒等等，裡面還會有非酒精的軟性飲料，其中比較特別的，像是飛日本的航線，還會提供如純米吟釀、各式燒酒等地方性酒類，因為擔心有些乘客不熟

▼高艙等提供私人用餐體驗（圖片來源：Dmitry Birin / Shutterstock.com）

悉，都會在酒單上特別敘述，例如某款限定純米吟釀是「此
釀酒廠位於山形縣南部……彷彿葡萄和白萄的華麗香氣及豐
富滋味。純米吟釀的清爽餘韻，讓人不自覺地一杯接著一
杯」。

　　中國飲酒起於祭祀，有關飲酒禮俗不少，但是對酒的種
類和順序並不在意，葡萄釀製的酒類亦少見，普遍以穀類酒
居多，加上中餐喜歡圍桌共食，酒杯放太多實在不便，酒杯
尺寸必須偏小，所以才有一飲而盡的乾杯習俗。再說中餐喝
酒是助興，席間敬酒勸酒是人情，與西餐佐酒理念不同，從
菜單看機上餐飲與飲食文化的交融是很有意思的。

請問要用中式？日式？還是西式餐點？

　　身為一個乘客，如果想在機上選用中餐，嚴格來說應該
算是台餐，如果你曾搭過大陸國航，你就知道那指的是油水
餐。國航餐點重油重鹹，一般台籍乘客吃不慣，雖然也以米
食為主，橘逾淮為枳，兩岸大不同。台灣經過百年殖民洗
禮，本身物產豐饒，飲食變化多端，國宴小吃遠近馳名，而
且跟西式料理一樣喜歡醬汁，加上各種蔥、薑、蒜等香辛
料，以及香菇、蝦米等提味，飲食體系複雜且自成一格。

　　台灣人普遍喜歡熱食，所以熱炒、爆香、燜煮、煎炸都
常見，用的油也種類多，吃到嘴裡變化自然多。加上移民社
會對外來事物接受度高，像這十幾年來紅酒流行，品酒成為
風雅逸事；喝咖啡也一樣，早餐幾乎人手一杯。飲食是在地
文化象徵，窮則變變則通，在熟悉旋律撞出驚喜，一直是台
式文化的強項。

　　日本是狹長島國，飲食以海產居多，高湯是料理基礎，
調味以醬油、味噌、味霖為主，台灣對這些都不陌生，一般

飛日本的航線，經濟艙常常出現壽喜燒、親子丼等熱餐選項，此外還有一種不加熱的冷便當。日本向來有精彩的便當文化，看歌舞伎要吃豪華的幕之內便當；火車有鐵道便當；也有飛機上吃的「空便當」，還有一種機上兒童餐，提供搭配卡漫人物的「角色便當」，而比較高級的艙等則提供類似懷石料理的高級飲食。

日式美學講究餘韻主要與禪宗有關。懷石料理由清淡味道切入，每一道料理都有故事性，處處講究，重氛圍是醍醐所在，以非文字方式訴說著文化。機上懷石料理有時會以漆盒盛裝，在視覺上，它被切割成格子意象，每一格都自成天地，就算小小擺飾都見巧思，呈現迂迴的含蓄美；強調不經意的隨興，訴求的美感很內斂，以抽象方式鋪陳小宇宙，尤其重視季節感，即便是一口壽司，也很有想法，表現了微型的天地觀。受千利休茶道影響，日本飲食講究量少、器小、質精，舉凡比例、形狀，顏色都要恰到好處。喜歡留白，餐具很少成雙成對，有一套對比的陰陽美學觀。喜歡把食材處理成塊狀，才能優雅入口；看起來是圓形的塊狀食材，放在方形餐盤上會形成一種對比。雖然食材原料不同，但是塊狀分類與間隙的安排，加上堆疊的視覺強化，加深了規律感，符合人追求安全的天性。基本上，日本圖案設計還是喜歡方形風格的秩序美。

除了日本籍航空公司，其他航空只有飛日本的航線才會出現和式料理，在高艙等還會強調主廚知名度，像是「日本料理津山，位於東京赤阪，為經營道地的日料名店，請您細細品味津山店每一道菜品追求的舌尖極致味覺」，有時甚至會加上主廚介紹、邀請卡之類，讓不少乘客趨之若鶩。

西式擺盤是將桌面當畫布，有畫框、有線條、有色彩，最重要的是有主角 (主菜)，布局有主從，以留白襯托，讓視

◀商務艙日式餐盒是個微觀小世界 (圖片來源：倪惠兒)

覺聚焦於某一點 (也就是主菜)。具體方法像是當空服員機上擺盤時，必須將義大利麵螺旋向上托高，或者讓蘆筍直立交錯，這樣主菜由平面變成立體，在高低差落之間出現景深。這種擺盤與中式思維很不同，中式喜歡鋪平，求圓求滿；而像佛跳牆這種宴席大菜，要的是富貴豐盛，視覺並非重點。

2013 年底聯合國教育科學文化組織已將「和食」納入非物質文化遺產名錄，雖然內容是新年的節慶飲食，和機上吃的不太一樣，不過尊重食材多元的精神不變。機上吃的日式料理是迷你版的和食文化，從進食到用餐，果腹到品味，不同歷史階段的差異，每個細微轉變的現象，都是飲食文化的折射。不同於西方使用刀叉，東方是筷子系統，然而一樣使用筷子，擺放位置卻依飲食習慣而不同。中式筷子較長，放在食用者右手邊，是便於圍桌共食；日式因為是一人一份，筷子橫放於食用者前，而且喝湯以口就碗，不用湯匙。相對於西式叉匙，筷子形體單一，功能多多，然而使用起

來，中日又不盡相同，所以稱餐具是文化密碼也不為過，經過抽絲剝繭的解碼，可以知己知彼，了解我們身處的這個世界。

參考文獻

1. 陳弘美 (2010)。餐桌禮儀/西餐篇。台北市：麥田出版。

5

職人之美

「主廚」是機上餐飲的
新關鍵字！

徐端儀

(圖片來源：Jeff Li)

記念スタンプ

既報今回島内定期航空の開始と同時に島内航空郵便の取扱ひも開始せられるが遞信部では之を記念する

為左図の如き記念スタンプを作り航空機の麗姿隊地たる臺北、臺中、高雄、花蓮港及宜蘭の各郵便局で使用することとなつた。使用期間及使用方法は左の通りである

使用期間　八月一日より三日間

但し天候其の他の事情で右期間中全然定期航空が實施せられない場合は實施第一日迄右使用期間を延伸する

使用方法　料金を完納した有封書状、端書及航空通運郵便物の引受消印、但し醤状は其の宛署を以て局窓口に差出したものに限る。

簡便用期間中郵便葉書及び一錢五厘以上の切手を貼付した物件に對し記念消印の需に

▲ 台灣島內定期航空運輸紀念章 (圖片來源：《台灣日日新報》)

昭和十一年七月三十一日　　A　(一)

島內定期航空使用機
為期酷暑飛行安全
裝置大型冷却機於機體

▲ 為飛安特別裝置大型冷却機於機體 (圖片來源：《台灣日日新報》)

　　上圖是 1936 年台灣島內開始定期航空運輸的紀念章與七月《台灣日日新報》的內容，裡面談到為避免引擎過熱，特別裝置大型冷却機於機體，這則報導在動輒 40 度的今夏看來格外有感，因為早期客艙空調不普及，就算有些會加掛小風扇，艙內空氣品質仍然很差；加上客艙加壓與氣

密性不佳，除了容易身體不適，沒有專業冷藏讓空中服務乏
善可陳，頂多發發小糖果之類，是給乘客防耳鳴用的。

　　大概沒人料到，不到一百年的時間，機上餐飲已經從小
糖果進展到米其林。

　　……未來 H 航空將繼續匠心打造招牌美味，加強與
世界各大廚合作，包括米其林兩星廚師 Mathieu Viannay、
米其林星級主廚 Christof Lang、米其林一星主廚 Roman
Paulus、最年輕的米其林三星廚師 Jean Michel Lorain、米其
林星廚 Alyn Williams、澳洲最佳廚師 Brent Savage、米其林
一星主廚 Ugo Alciati……。

　　米其林主廚以機組人員的身分進入客艙服務，提升三萬
英尺高空的餐飲體驗，從此機上星星摘不完，客艙用餐彷彿
劇場演出，身為乘客的你不是只有旁觀，而是參與了一場藝
術盛宴。

機上主廚料理的流行

　　……邀請屢獲大獎的八位國際知名主廚組成「國際烹
飪顧問團」，主廚們特別專注於跨文化及跨時代的時尚美
食……貴賓可享「名廚有約 (Book the Cook)」服務，在三萬
英尺高空享受夢幻名廚精心設計的頂級饗宴。

　　航空器繞著地球跑，雖說各地飲食文化不同，但機上吃
是無國界的。

　　人性追求安全，卻又忍不住好奇，這些都反映在飲食習
慣上。家鄉味當然吃起來最合口味，可是有時又會想嘗鮮，

因此不同航程的機上食，都至少要滿足這兩種特性。前者必須根據出發／目的地的在地性去設計菜譜，滿足乘客對熟悉感的需求；後者是推出有特色的創意料理，滿足年輕客群求新求奇的需要，在濃淡甜鹹上混搭，讓味覺有豐富層次，或者利用反差，製造驚奇效果，都是很常見的烹調手法。

因為追求最大適口性，機上食捨棄重辣重鹹這類個人偏好，空廚最大困難在於掌控質與量。量製化沒有吸引力，精緻化對人力和專業是考驗，就算主廚親自登機，受限機上備料與空間，也難與地面相較。主廚料理很難求極致，如遇乘客有高標期待，上機發現反差大，失望和批評就跟著來了。

除了商務往返，一般人很少常常搭機，因此機上餐飲不能太家常，就算經濟艙也要見巧思。像是杜拜飛往台北的班機出現粥品，就是一件挺有意思的事。粥對亞洲人來說很家常，對中東卻很稀奇，因此某中東航空特別在菜單加注了一頁「大廚致詞」，裡面對粥做了一番介紹：「中國稱粥，韓國稱究 (juk)，泰國是空 (chok)，日本則稱……」，告訴乘客亞洲各國對粥有多熱愛、多養生，不但適合早餐脾胃，也適合齋戒黎明前的調養，更適合新年祈福，結論是飛往亞洲航班都該吃粥。

日系航空公司向來講究細節，容易出汁的熟食通常會用隔菜紙分隔，不但品相好看，味道也不會亂混。近來流行DIY 組裝漢堡包，空中廚房事先將內餡加熱，然後讓乘客自己加生菜醬料，如此一來才吃得到漢堡的多汁鮮脆，不會因為混合加熱，弄得生菜不脆，麵包又溼。

韓系航空的拌飯很有名，通常會另附辣醬和麻油。大陸航班則有下飯的榨菜和孔明菜 (大頭菜)。台式滷肉飯在機上一向受歡迎，有時還有半顆滷蛋和醃黃瓜，切工配色不馬虎，就算食材簡單也要看得出用心。

◀ 機上主廚桌邊餐飲服務（圖片來源：Prometheus72 / Shutterstock.com）

　　機上餐飲主要以西餐為模仿對象，即便經濟艙乘客只能拿到一個餐盤，它卻像是個小宇宙，具體而微地呈現了很多想法，不管內容或程序都是。其他高艙等則是把概念放大，讓細節更加凸顯，這其中還是受法式料理影響最深。

　　歐洲中古飲食談不上用餐禮儀，因為貴族吃飯用的是移動餐桌，沒有個人餐具；庶民吃的是大鍋燉菜，湯湯水水的東西省事管飽，做出醬汁是為掩飾肉類不新鮮，當然味道愈濃稠愈好，後來卻成為法式餐飲的靈魂。

　　工業革命之前，火爐和照明都不足，除領主貴族之外，燉煮是最方便省事的烹調，加上衛生條件很差，食材一定要煮熟煮爛，變化自然少，生食更是想都不敢想。如今法國菜是高級料理的代名詞，但這也不是一開始就有的，它是隨著19世紀民族國家的登場，逐步發展出食不厭精、膾不厭細的權威，米其林的誕生則是里程碑。

　　過去貴族專享的盛宴在法國大革命之後逐漸流傳於民間，原本的貴族家廚變成高級餐廳主廚。雖然很早就有廚師公會制度，但真正的主廚文化是在大革命之後產生。

當時，行會制度漸弛，美食書寫出現，仿效軍隊制度的龐大廚房分工出現，號稱烹飪藝術之父的安東尼·卡漢姆 (Marie-Antoine Careme)、西餐之父的愛斯可菲 (Auguste Escoffier) 等專業主廚誕生，他們當時留下的料理指南成為經典。接著是藍帶廚藝學校登場，最後再加上米其林，體系完備成就法國主廚文化盛名於不墜。

對一般人來說，除了偶爾上餐館打牙祭，工業革命改善了照明與衛生條件，居家晚餐成為中產階級一天的最大享受。布爾喬亞重視生活情趣，對擺盤、桌飾與餐具擺放，甚至菜單菜名的重視都是從前沒有的，用餐習慣改變也間接促成料理藝術化的演進。

法國人喜歡哲學思考同樣反映在飲食文化上，文藝復興打下的用餐基礎逐漸發展出龐大的知識體系，讓吃成為一種品味、一種專業，甚至可以藝術化。

70 年代法國新料理運動是將醬汁清淡化，過去因為求新求變，喜歡加工食品，現在天然的飲食概念回歸，料理風

法式料理大事紀

中世紀盛宴	文藝復興盛宴	法國宮廷料理時期	法國大革命時期	法式料理新思考
● 大量使用香料 ● 約有 3~6 輪上菜順序 ● 中場有雜耍表演 ● 無個人餐具	● 香料使用減少 ● 凱撒林·梅迪奇嫁入法國，將餐桌禮儀與甜點引入法國 (包括玻璃、釉陶、叉子與可可等陪嫁物) ● 融入其他異國食材	● 個人餐具出現，講究視覺對稱 ● 減少上菜輪數 ● 咖啡館出現	● 俄式上菜成主流 ● 餐廳與菜單出現 ● 料理食譜與主廚文化盛行	● 傳統與跨界的思考 ● 飲食傳媒的影響 ● 佐餐酒成為顯學 ● 分子料理出現

格也要跟著變。90 年代則轉向飲食國界的話題，傳統法式料理講求味道相融，醬汁代表了精華濃縮，當這種法式傳統遇上跨國料理，是要想辦法協調呢？還是讓口味各陳？收斂與奔放之間都有擁護。這種情形也反映在機內餐飲，近年來航空餐飲以情境化為主軸，增加感性因素，名人、時尚與跨界相互連結，使得主廚料理成為新寵，無論是主廚登機現做，還是指導空廚備餐，都會在菜單詳注，同時配合媒體宣傳，希望藉由主廚魅力讓機上餐飲與時尚、創意做連結，以利行銷目的。

酒足飯飽之餘，來點享樂吧

相信大家都有這種經驗，有時候想吃不是因為餓，是嘴饞。

很多航空公司在高艙等都設有吧檯，擺滿糖果、餅乾、堅果之類的零食，旁邊還備有各種酒水飲料，方便乘客隨時取用。這些東西都是酒足飯飽之後的餘興，讓乘客得到情感滿足。嚴格來說，不只高熱量零食，只要吃起來心情好，連泡麵也算享樂食品，當然咖啡、甜食更是。

過去享樂食品與情感眷戀有關，很多文學作品 (如普魯斯特的《追憶似水年華》) 都寫得極為細膩，現在多半以加工食品居多，受廣告情境影響極大。雖說酸甜苦辣各有喜好，不過甜食還是最受多數人歡迎，可以療癒解憂。

這套享樂飲食文化來自歐洲，但是像茶、咖啡、巧克力的原產地都不在此，而是直到大航海時代才陸續由外地傳入，然後經過改良，成為我們現在熟悉的飲食方式。其中咖啡和茶的淵源比較特殊，美國曾是英國殖民十三州，茶稅徵收是引發獨立戰爭遠因，卻間接導致茶與咖啡版圖翻轉，從

▲ 倫敦 Covent Garden
販賣傳統飲食的餐廳
(圖片來源：Dianne
Shee)

此全球喝咖啡人口多過茶。

　　酒類算是是最早的享樂飲食，而且還有祭祀與禮儀的社會功能。中世紀認為它是提供熱量的飲品，一直廣受勞動階級歡迎；直到宗教改革時代來臨，新教徒認為咖啡可以保持清醒，增進工作效率，又不像飲酒易醉，從此中產階級熱烈擁護咖啡。至於茶葉，它來自遙遠的東方，一直是奢侈品的象徵，甚至後來間接引發鴉片戰爭，所以喝茶是貴族專利。歷史記載，茶葉最初傳入歐洲是當作止痛劑，怎知後來在英國演繹成下午茶文化，紅茶要加味還要配上好幾層點心，與原產地中國喜歡不加味綠茶的方式大相逕庭。

　　我們現在很習慣餐後吃甜點或烈酒，但這也不是一開始就如此，把甜點移到菜單最末是後來的事，在此之前甜鹹不分，這當中牽涉當時對醫學的觀點，覺得應該要先鹹後甜，

才能吃得健康。至於威士忌、白蘭地、干邑酒之類，因為經過發酵且蒸餾酒精濃度較高，以前主要用來治病，餐後也只能小酌。

　　中古用餐時把最後一道菜稱為「dessert」，而且要先清理桌面，再慎重享用最後甜點，最初是果乾蜜餞之類的拼盤，後來又加入了水果 (fruit 字源是義大利的點心)，後來又有蜂蜜做的小糕點。文藝復興之後糖的運用漸漸普及，加上香料貿易帶入的可可、香草和咖啡等等，甜點的種類於是開始豐富起來。

　　巧克力是大人小孩都喜歡的甜點口味，大概沒人想到最初可可是用來治宿醉，後來才用在布丁與派上。鬆軟的巧克力蛋糕要等可可粉末發明以後才能做出，在色彩心理學上，

酒類在西式餐點用以佐餐，中式是助興 (圖片來源：Nicole Tequila)

濃稠顏色會聯想到重口味，甜點配的好可以讓用餐在驚喜中畫下句點。

主廚甜點藝術化的可能

　　法國飲食文化已發展成一門美食學，然而，是否真正被納入藝術領域還在觀望。不過米其林在感官上的傑出表現，老早突破「吃」的層次，近年更關注社會議題，無論創意和技巧等，都可以視為當代藝術，相關文獻也具足，特別是主廚料理的製作、理念、創意、美感等等，絕對當之無愧，而甜點又是其中佼佼。

　　皮埃爾·艾爾梅獲〈世界五十最佳餐廳〉評選的世界最佳點心獎桂冠。2016 年 12 月本旗艦店〈皮埃爾·艾爾梅巴黎青山〉改裝一新，期待已久的法式甜點美味登場，「味覺·感性·歡樂的世界」新體驗。

　　上述是日本 J 航商務餐菜單，裡面特別介紹法式甜點主廚以及獲獎紀錄，對主廚甜點之重視可見一班。如今在機上享用甜點，彷彿是參與了一場情境展演，體驗是感官的，也是感性的，背後卻需要高度理性的團隊合作，才能打造好的體驗。

　　過去在家備餐是婦女責任，不過從羅馬時代開始就把糕餅與麵包製作區分，麵包師傅製作的是簡單的圓形或捲曲麵包；糕餅師傅等級較高，被歸類於技藝傳承，有行會規章的學徒制，而且限男性，工作區域在廚房隔壁的單獨空間。不過那時候用糖奢侈，糕餅師傅主要製作的是鹹口味的餡餅，旨在保存肉類，因此 18 世紀中葉以前，販賣糕餅的店鋪都

◁〈麵包師和他的太太〉(*Baker Oostwaert and his wife*) (圖片來源：WikiArt)

很簡陋，能在咖啡廳吃甜點是很後來的事。

　　自凱薩琳‧梅迪奇嫁入法國為甜點帶來新技術與香料運用，成為歐洲飲食文化的重要轉折。法國的傳統哲思讓餐飲更人文，讓主廚與文學、評論有了連結，在這樣的歷史脈絡之下，加上米其林推波助瀾及世界文化遺產加持，無疑樹立了法國美食的國際權威地位。

　　活躍於 19 世紀初，號稱「御廚中的御廚」、閃電泡芙發明人——安東尼‧卡漢姆 (Marie-Antoine Carême)，是將法式甜點推向藝術的重要人物。

　　當時法國很流行像結婚蛋糕這種大型展示甜點，極為強調視覺效果，因此需要懂得建築原理。出身微寒的卡漢姆求知若渴，除了對古代建築有涉獵，還很懂得變通，像千層派就是他利用簡單派皮翻出新意的代表作。

　　甜點師傅一向在法國被視為專業，身穿雪白工作服，頭上戴著高高的筒狀白帽，備受尊重。米其林甜點最重要的藝術表現大概是「盤飾」，畫盤如繪畫，構圖、色彩與位置都會創造不同視覺效果，食材與技巧的交互運用，或擠或刷或噴或甩，可即興、可立體，很適合主廚發揮個人風格，這些都增加了主廚甜點藝術化的可能。

　　甜點本來是西餐最後一道主菜，可以平衡味覺，讓宴飲畫下完美句點。主廚文化的流行，讓原本沒有強調誰是主廚的亞洲機上餐飲，一下子也跟風起來，連甜點也要師出有名。

　　機上甜點可以帶來感性，讓乘客驚喜，情境猶如藝術，而這些都還在進行。

參考文獻

1. 林郁芯 (譯) (2016)。食物的世界地圖。台北市：時報出版。

2. 林惠敏、林思妤 (譯) (2013)。法式美食精隨：藍帶美食與米其林榮耀的源流。台北市：如果出版社。

3. 譚鍾瑜 (譯) (2014)。甜點的歷史。台北市：五南出版。(La très belle et très exoquise histoire des gâteaux et des friandises. Maguelonne Toussaint-Samat. 2004)

6

甜食之美

機上甜點風情話

徐端儀

(圖片來源：Nicole Tequila)

台灣洋菓子文化的轉譯

日治期間，《台灣日日新報》經常介紹洋風洋食，「洋菓子の製法」是 1925 年刊載的內容，裡面介紹簡單的洋菓子教學，材料大約是雞蛋、麵粉、糖之類，這種做法類似日式天婦羅變體。天麩羅是裹了蛋汁麵衣的油炸物，沒加蛋的叫唐揚，兩種都不算傳統日式料理。

天婦羅 16 世紀係由葡萄牙傳教士傳入，輾轉又介紹到日治時期的台灣，說明台灣接受西化的時間很早，與甜點有關的烘焙和熱飲也類似。台語麵包音「pan」(日語パン)，跟天婦羅 (日語天ぷら) 同樣源自拉丁語系，companion 原是一起吃麵包的意思，後來引申出「同伴」之意，這些轉變代表東西文化不斷轉譯的歷程。

與甜點相關的英文字有好幾個，不過一般用的是dessert，有正餐後輕食之意，起初是在後段用餐出現，但也未必，因為中古盛宴是甜鹹混著吃，到 16 世紀糖價下跌，蔗糖普及之後，甜點出菜的順序不斷向後移，才逐漸成為餐宴的壓軸好戲，而且一定慎重書寫在菜單。

瑪德蓮的甜點回憶

「瑪德蓮蛋糕浸到熱茶，冷冷的天，美妙的愉悅蔓延全身。」(普魯斯特的盛宴，2014)

《追憶似水年華》是一部法國文學巨著，內文第一句是從甜點展開，形似貝殼的瑪德蓮其實材料簡單，透過普魯斯特文字卻有作為藝術的潛力。

自古西方吃甜表尊貴，過去甜味取得來自蜂蜜，來源稀

少，蔗糖遠從中東引入，因此貴族嗜甜如命，愛吃愛炫耀帶動後來咖啡、可可、茶的流行，更驅使航海殖民的開端，蔗糖種植與提煉需要大量人力，又演變成數不盡的奴隸辛酸史。當 17、18 世紀加勒比海種植的甘蔗大量回銷歐洲，從此吃甜變得容易，對西方飲食文化影響不亞於工業革命，吃甜的歷史牽動了世界。

　　吃甜這件事從古希臘到中古貴族都有記載，不過那時甜味來自蜂蜜，糖是中東進口的香料，買糖要去香料店，賣糖

◀ 在奢侈的年代，買糖要去香料店 (圖片來源：WikiArt)

的人是藥劑師，物稀為貴，昂貴的蔗糖捨不得當甜點吃，等到 15 世紀威尼斯開始大規模煉糖，甜點的歷史才真正登場。

在歐洲行會制度盛行的時代，麵包師只能男性，因麵包鋪可以合法買賣小麥，算是頗有社會地位的職業，不過麵包鋪被規定不能兼做糕餅，跟甜點有段距離。精緻甜點的出現與貴族有關，像是法王路易十四愛交際，甜點公關被發揚光大，從可有可無變成廚藝要角。

雖然只要麵團加糖就算蛋糕，但是加上油脂才能風情萬種，我們現在常用的乳瑪琳相傳是拿破崙三世衛軍隊開發的奶油替代品。乳瑪琳本有珍珠光澤之意，名字取得美，發明

▲ 來英國歷史悠久的貴婦茶店 The Grand Café 品嘗傳說中的 tea cake！(圖片來源：Dianne Shee)

乳瑪琳的法國人還是偏愛天然的。奶油隨著使用方式不同，麵糰結構會起變化，烤過有或鬆或軟或酥脆的口感，很奇妙，不過只要掌握基本盤，一如本文開頭《台灣日日新報》所載，即便年代久遠，食譜差異不大。

西式甜點有一個重點是盤飾，除了好吃，還要好看。雖然可以從構圖、色彩與造型等地方找靈感，不過最重要的還是要和主體味覺互搭，現在尤其強調要有主廚風格。

在構圖方面，機上常看到甜點是很多小點的組合，或者是用成品再裝飾，一口大小的甜點小巧精緻，但是擺放位置不能感覺零散，如果用的是成品，更要注意盤飾不能喧賓奪主，通常錯落有致的擺法，會比平放來的有景深、有層次，不過這些都要靠手感多練習，才能美的不落俗套。色彩搭配也是類似概念，同色系堆疊在視覺上比較協調，跳色用法大膽搶眼，卻是個挑戰。

坊間甜點盤飾種類非常多，光是醬汁就可以變化各種線條，加上金箔、糖粉、蛋白霜餅、食用花草等等，可以延伸視覺，讓畫面豐富。機上受限於沒有專門的甜點主廚，一般只是用長盤裝小點，或方圓交錯的簡單概念 (例如圓形甜點置於方盤，或反向操作等等)，頂多由空服現場加上簡單盤飾，或是灑點糖粉之類，簡單優雅就好，需要道具才能做出的花樣，多半要事先處理，機上甜點其實無法有太多即興演出。

西式烤爐與烘焙

中古時期烤爐只有貴族才有，平民都吃鍋煮食物，根本沒甜點可吃，即便貴族也不是餐餐都有。

通常甜點製作是在廚房隔壁的配膳室，因為沒有烘烤設

備，所以以生冷居多，像蜜餞、果醬、乳酪、糕餅等等都算，沙拉、水果也在其中，嚴格來説只是盛宴最後的甜品總匯。跟烘焙甜點相比，吃冰的歷史可能更早，據説是馬可波羅從中國帶回來的技術，不過冰的甜品，羅馬帝國、甚至埃及也有。馬可波羅帶回義大利的配方是以硝石冰鎮的雪酪 (sorbet)，類似冰沙這種東西，17、18 世紀西方咖啡廳開始流行吃冰，很晚才研發出乳製冰淇淋。

西式烤爐與中式熱炒不一樣，它是一種乾熱 (dry heat) 方式，和烤肉 (roasting) 與烘焙 (baking) 語意略不同。烘烤過後的香氣是高溫引發的焦糖變化，如果是低溫加熱，就沒那麼香。這種焦糖作用不只出現在甜點，包括蔬菜也可以，只要不是水分太多的葉菜類都可以烤，不過以根莖蔬菜為佳，像是烤球甘藍、烤青花等等，都是歐洲餐廳很常見的烤蔬菜。烤前蔬菜要先從冷凍回溫，烤箱也要預熱，就是要防水氣，水氣一多，口感就差了。

牛津字典對蛋糕的定義是體積比麵包小、造型花俏的麵團。事實上，麵包蛋糕在材料上無法明顯區分，只是有蛋糕的場合通常與節慶有關，材料與做法比較講究，而麵包被歸類主食，如此而已。其實只要最基本的麵粉、糖、雞蛋與奶油，就可以變化出許多甜點種類，最基本的是麵糰，加多一點水是麵糊，可以變化出最基本的煎餅、鬆餅、可麗餅之類的厚薄口感。

16 世紀時煎餅是農忙時的點心，而且大多用的是蕎麥粉之類的麵粉替代品，因為蕎麥比小麥好種植，後來這些才發展為特色美食，而且現在用的都是精製的麵粉，加了油脂可以做成酥塔，內餡可以自行搭配，甜鹹由人，只要掌握 3：2：1 原則 (麵粉：油脂：水)，口感都有水準以上。

糕餅類也是很普遍的西式甜點，油脂多寡可以變化質

地，油多入口滑順、濃郁，油脂少可以做出海綿系列的空氣感，也可以完全無油做出像蛋白糖霜般的鬆脆。

　　酥皮點心的英文「pastry」與聽覺有關，因為咬起來會有「酥脆」聲，對中世紀的人來說，酥塔常用來盛裝有湯汁的食物，到時可以整個一起吃掉，完全不浪費，後來流行吃甜的，跟布丁一樣與蔗糖普及有關。

　　酥塔要好吃，外皮要先盲烤 (單獨烤外皮)，餡料另外處理，才能外酥內軟，這個跟前面提到烤蔬菜的道理相同。將酥塔蓋上一層麵皮又可以變成餡餅，簡單好食，因此酥塔與餡餅可說是歐洲最早出現的烘焙甜點。

　　如果說最能表現西式甜點特色，又最受歡迎的大概是卡士達 (custard)，不用上烤爐，也沒加麵粉，主要是蛋奶隔水加熱，它其實也可以吃鹹的，不過最常見的是布丁、烤布蕾這類軟滑甜品，或者再稀薄一點，當做克林姆夾餡，或者抹醬醬汁等等。卡士達家族是全方位的甜點，做成香草口味最多，所以很多都直接把卡士達稱做香草醬。

香草原產中美洲，天然香草至少有數百種會揮發香氣，包括人們喜歡的奶油、丁香、乾果、蜂蜜、焦糖、花草等等，幾乎是所有香料種類裡最百搭的，無論搭配什麼都無違和，只可惜栽種與加工都很麻煩，價格昂貴，直到 19 世紀發明人工香草精，才真正普遍運用。像《小婦人》、《清秀佳人》等文學，都會出現在家烤蛋糕的居家烘焙。

在吃糖奢侈的年代，大量果乾與香料是糕餅必備，現在用糖便宜，這些味道濃重的配料反而少見，只有在某些復古傳統節日，香料水果蛋糕才會隆重登場。無論如何，跟吃蛋糕有關的記憶都是美好的，在西方聖誕節會想到樹幹蛋糕、薑餅屋，吃英式下午茶有夾一層果醬的美麗維多利亞蛋糕。

西餐有餐後吃甜點的習慣，而且是慎重對待的壓軸主菜，因為用餐時已經吃過麵包，因此餐後甜點吃軟不吃硬，像布丁之類的口感就很受歡迎，比較紮實的甜點通常會留到午茶時間。中式卻沒有餐後吃甜點的習慣，更不可能在熱餐後吃生冷的雪糕冰品，傳統甜湯甜品是點心概念，而且不是奶蛋類，大多是糖水多的輕食，這可能跟不習慣用烤爐有關，現在開始流行餐後吃甜點是受西方影響。

▲ 西式甜點很重盤飾 (圖片來源：倪惠兒)

吃吃餅乾也 ok 啦

當俄式上菜成為法式饗宴主流，一道一道的上菜順序固定，從此個人餐具尺寸與擺放都成為焦點，不過用手取食麵包的習慣仍保留至今。用餐要鋪桌布這件事從哪時開始已難以追溯，不過可能比餐具還早，因為以前貴族沒有固定餐桌，隨興到哪就支起餐桌，桌布一鋪就可以用餐。話說吃麵包不掉屑哪可能，有些高級餐館會準備桌帚或小刷清理桌面。機內服務有限難做到，沾在桌布的碎屑又不好清，有些高等艙乾脆直接換桌布，如此一來，碎屑麻煩可以一次解決，桌面經過整理再重新上甜點，由此可見對甜點的慎重。

英美喜歡自家烘焙的媽媽味，法式甜點以精緻出名，這幾年流行的馬卡龍、杯子蛋糕、蛋白霜都走小巧可愛路線，口味也有混成烘焙傾向，像紅茶戚風，岩鹽泡芙等等，那機內甜點又有哪些新招呢？

巴黎小狐狸甜點新推出的夏季新作 (圖片來源：Nicole Tequila)

▶ 現在最流行的機上
甜點是爆米花 (圖片來
源：倪惠兒)

　　其實現在機上甜點很兩極，雖然有名廚加持的高貴甜
點，但大部分人最常吃到的卻是餅乾。話說餅乾不只機場
有，高空吧檯有，經濟艙更是人人有。

　　麵餅這種東西很早就有，不過根據文獻記載，我們現在
吃的餅乾最初是為航海或戰爭研發，18 世紀英國稱為 Sea
Bisket、Hard Bisket、Brown Bisket，或者乾脆叫 Ship's
Bread，美國內戰時又叫 hard tack。因為不放酵母，只用
麵粉和水，還有一點點鹽，完全沒糖沒油，介於麵包和餅乾
之間的乾糧堅硬如石，難以入口，吃的時候必須先敲碎配酒
才能吞。畢竟 18 世紀餅乾製作不是為了好吃，它是非常重
要的航海口糧，至少可以放上一年半載，不過製作起來很費
工，必須長時低溫回烤才能烘乾水氣。直到工業革命，英國
發明了切割和印模的機器，接著又有人發明錫製餅乾盒，方
便易食的餅乾方才愈來愈流行，從此不只長途遠征，一般大
眾也喜歡帶餅乾野餐。當餅乾從克難口糧變成休閒食品，甜

鹹口味大翻轉，甜的逐漸占了上風。這幾年飛香港必買的伴手禮曲奇 (Cookies Quartet)，正是因為加了很多奶油才會酥鬆好吃，和過去航海餅乾實在差超多的。

參考文獻

1. 林郁芯 (譯) (2016)。食物的世界地圖。台北市：時報出版。

2. 安婕工作室 (譯) (2017)。你不可不知道的西洋繪畫中食物的故事。台北市：華滋出版。(Food in Painting: From the Renaissance to the Present, Kenneth Bendiner. 2004)

3. 宮崎正勝 (2016)。餐桌上的世界史。台北市：遠足文化。

4. 施康強等 (譯) (2006)。15 至 18 世紀的物質文明、經濟和資本主義卷一日常生活的結構：可能和不可能。台北市：左岸文化。

5. 莊靖 (譯) (2014)。味覺獵人：舌尖上的科學與美食癡迷症指南。台北市：漫遊者文化。(Taste What You're Missing: The Passionate Eater's Guide to Why Good Food Tastes Good. Barb Stuckey. 2013)

6. 韋曉強 (譯) (2013)。美食黃金比例：麥克‧魯曼打造完美廚藝的 33 組密碼，掌握比例就能變化出 1000 種以上料理。台北市：積木文化。(Ratio: The Simple Codes Behind the Craft of Everyday Cooking. Michael Ruhlman.2010)

7. 蔡倩玟 (2010)。美食考：歐洲飲食文化地圖。台北市：貓頭鷹出版。

8. 譚鍾瑜 (譯) (2014)。甜點的歷史。台北市：五南出版。(La très belle et très exquise histoire des gâteaux et des friandises. Maguelonne Toussaint-Samat. 2004)

9. 蔡錦宜 (2009)。西餐禮儀。台北市：國家出版社。

10. 鄭百雅 (譯) (2016)。看得見的滋味：INFOGRAPHIC！世界最受歡迎美食的故事、數據與視覺資訊圖表——老饕必懂的食材與美食歷史、文化、食譜、料理技巧、最新潮流。台北市：漫遊者文化。(Taste: The Infographic Book of Food. Laura Rowe. 2015)

11. 鄭煥昇等 (譯) (2017)。蛋糕裡的文化史：從家族情感、跨國貿易到社群認同，品嘗最可口的社會文化。台北市：行人出版。

7
咖哩之美

在機上看日劇吃咖哩，
最幸福！

徐端儀

(圖片來源：Jeff Li)

我也想吃日劇中的咖哩

　　咖哩號稱日本三大國民美食之一，日劇《天皇的御廚》其中一集就是講咖哩。劇情開始，西式料理出身的主廚說要做出味道滑順的「法式咖哩」，接著劇中出現很多烹調細節，像是磨洋蔥磨到流淚、在高湯加大量蔬果等等，最後端出來的卻只有白飯盛醬汁，然後加幾片黃瓜，讓大家嘖嘖稱奇。法式醬汁勝在濃郁，結果食客不買單，畢竟小食堂很庶民，醬汁稀薄沒關係，重點要配料豐富，一個銅板的飯錢還是吃飽實惠。

　　類似劇情在 NHK 晨間劇「多謝款待」也差不多，男主角吃了法式咖哩嫌淡，還是回歸他口中天下無敵、百吃不厭

的家庭咖哩，幾個特寫鏡頭可以看到除了白飯，醬汁裡只有馬鈴薯、紅蘿蔔、肉片，外加一小缽漬物，這正是大家印象中的日式咖哩，做法至今變化不大。

當時明治天皇宴請貴賓不用和食，而是法式料理，可見追求西化的堅定。《天皇的御廚》主角的正統廚藝背景讓他做出法式咖哩，長達一百多集的《多謝款待》更是從女主角開心吃草莓果醬揭開序幕，最後又出現法式料理，幾齣日劇如實呈現了和洋混食的過往。

醬汁是法式料理的精華，主要是用來搭配主菜，日式咖哩卻是以醬汁為主。

咖哩源於印度眾所周知，傳入日本的時間大概在明治維新時期。英國吃的是咖哩的異國情調，藉由印度殖民把吃咖

▽ 咖哩世界有許許多多意義的分身 (圖片來源：margouillat photo / Shutterstock.com)

哩的習慣帶回英國，融合英式燉煮與法式醬汁的做法又飄洋過海到日本，少了刺激，多了濃郁，而且還換了一個象徵文明的面貌，代表飲食文化不斷轉譯的過程。

英國飲食歷史學家安妮·格雷 (Annie Gray) 於 2018 年推出迷你影集，結合英國文化資產與廚藝，完整呈現 19 世紀的莊園生活。在「如何製作維多利亞咖哩」這集中，先是聊到咖哩很受中產家庭喜愛，再八卦一下英國女王也做過，戲劇內容是經過考據的真人事蹟。維多利亞咖哩做法超簡單，用的是現成咖哩粉，先把肉類沾麵衣微煎，再和炒過的洋蔥、蔬果燉煮，中間加水不加高湯，也不加乳製品，上桌前再擠點檸檬汁就 OK，算起來是熱量不高的燉菜，跟印度咖哩一樣偏爽口。不過傳統印度咖哩一開始要用很多油把香料炒香，洋蔥也是炒到乾，光是這一點就很不一樣，日式咖哩的洋蔥要磨很細，然後加湯慢慢煮到融，洋蔥怎麼切怎麼煮都會讓最後收的味道不一樣，番茄也是。

日式咖哩要的就是甜味，濃稠的醬汁收縮了精華，不需要搭配其他佐料，因為醬汁本身就是主角。

因應不同文化，咖哩有很多分身。日式咖哩之所以受歡迎，與亞洲喜歡湯湯水水的飲食習慣有關。同樣也流行吃咖哩的東南亞，是跟著宗教傳來的附加物，加的是當地特有魚露、蝦醬、椰奶等等，而且因為加的配料不同，醬汁顏色也會不同，像是加綠辣椒變綠、紅辣椒變紅，加薑黃又變黃。不過，日式咖哩還是以甘味為大宗，烹煮時刻意放入的大量洋蔥和番茄就是要讓醬汁變甜。印度因為天熱，對甜咖哩興趣不大，傳統咖哩並沒有固定配方 (更沒有咖哩這種香料)，它只是辛香料的組合，而且家家有祕方，用的是各種植物或果實的乾料，不過大致都會有薑黃、紅辣椒、孜然和芫荽這幾種，而且完全不加高湯，只加水或優格，以及大量堅果，

醬汁天然爽口。

　　印度喜歡一餐混吃數種咖哩，日式喜歡每次單一品嘗，有時還會加起司粉或漬物等等，變化之多超乎想像。如今咖哩幾乎成為日式料理代名詞，有烏龍、納豆咖哩不稀奇，還有加巧克力咖啡的呢。

　　明治維新以前，日本不是沒有咖哩，但吃過的人不多，能夠在日本迅速普及跟國家推動有關。古代日本有肉食不潔的禁忌，祭祀都要用素食，明治開始追求富國強兵，首先就從軍隊開始，咖哩有高湯有肉，很香，日本自衛隊到現在都還每週固定吃咖哩 (沿襲英國海軍的咖哩傳統)，加上在地化的口味調整，增加日本人喜歡的黏稠，以水果入菜，像蘋果、柳橙、梨之類都可以緩和辛辣，符合日本喜歡清淡的飲食習慣，順便消化一下北海道種植的洋蔥、馬鈴薯、胡蘿蔔等等。還有一個重點，是把主食變成米飯，從此吃飯皇帝大，咖哩＋飯＝完勝。

　　咖哩以香料姿態進入英國，又以文明象徵轉入日本，冥冥之間是靠著殖民主義牽動，然而在地化的口味調整，卻又與消費文化更有關連。1963 年，佛蒙特堆出蜂蜜蘋果咖哩是個里程碑，一戰成名，從此成為家家必備食品。

台灣咖哩日本情

　　日本飲食走向西化是先由上層推動，接著軍隊與學校伙食跟進，上行下效讓民眾很快廣泛接受，這點和台灣有點一樣又不一樣，少的是官方力量，多的是追劇的哈日氛圍，要說真正開始流行吃日式咖哩的時間要算 90 年代。

　　台灣的西式料理源頭不一，大致包括日治時期引進的洋食，以及戰後美援時期的美式速食，不過還是以日治時期隨

著西化引進的洋食為大宗，這些泛稱為洋食的料理不一定指正餐，還包含麵粉製作的西式糕點。儘管奶油、果醬、煉乳這些食材已在清末隨著所謂滬式西餐來台，但專門販售西洋料理的餐館還是日治初期才有。

這些西洋料理屋主要賣的有咖哩飯、咖啡、葡萄酒等從日本間接引入的洋食，大多停在和漢混食、外送這些簡餐，沒有完整用餐禮儀或飲食文化的學習。真正西式餐飲要到戰後美援的介入，才算真正被引入。

其實印度並沒有哪種食物或香料叫咖哩，Curry 算是英國拼湊出來的菜單字，咖哩粉 (是一種叫 Masala 的綜合香料粉) 是英國殖民印度時由軍人帶回本國，而我們現在吃的咖哩塊是日本改良，一切都是飲食文化的集體創作。

日本最早接觸的咖哩粉是明治由英國傳入的印度配方，不過這些香辛料磨出來的粉末主要添色提味，和我們現在所熟悉加了調味和油脂的速食咖哩塊不同。咖哩塊算是日本人的發明，還用了一個外來語カレールウ (Curry Roux) 來稱呼。Roux 在法文原指奶油拌炒的麵糊狀物，在咖哩塊出現以前，日本人吃要自己先炒麵糊，說穿了就是用勾芡做出日本人喜歡的黏稠 (包括米飯也是)，不過從電影《美味不設限》中咖哩 VS. 米其林的劇情安排，可以看出雖然日式咖哩有醬汁基因，但英法等國還是比較傾向印度咖哩風

▲台式咖哩是排餐概念，不能只有醬汁
(圖片來源：Angela Wang)

台式咖哩套餐是把
想像中的日式元素混
搭 (圖片來源：Angela
Wang)

味，畢竟經過殖民階段，歐洲境內印裔族群不少。

在歷史上，香料從藥材、奢侈品到調味料的轉變和咖哩
差不多，隨著日本殖民也進入台灣，不過早期在台並不普
及。戰後本島流行的是川湘外省菜，還有美援帶來的西餐，
缺乏國家力量推動的咖哩一直停留在小眾庶民美食；直到
90 年代哈日風潮漸入，日本偶像劇時常有吃咖哩的橋段，
台灣日式咖哩餐廳跟著一家家開，才真正開始流行。不過台
灣小吃眾多，習慣把醬汁當淋汁，類似滷肉飯淋汁的概念，
單吃醬汁感覺很怪，最好還是要有主菜，而且是肉類，只有
醬汁配飯的咖哩難賣，就算在餐廳也是。

最初日本情況類似，所以《天皇的御廚》才會有醬汁咖
哩叫好不叫座的故事，大部分的人還是覺得吃肉才有力氣。

據說豬排咖哩就是這樣從早稻田大學食堂發展而來。這幾年日本大河劇、晨間劇輪番推出懷舊劇集，時間大多鎖定朝和大正這段脫亞入歐、轉型為現代國家的階段，而且幾乎每齣劇都有吃咖哩的鏡頭，無疑是對咖哩再次行銷。現在台灣除了已經有的連鎖店，還有一些咖啡小店跟著賣日式咖哩，不過妙的是台灣對正宗印度咖哩沒那麼愛，You are what you eat，我們吃咖哩不只好吃，還包括選擇和接受咖哩背後的意義分化。

咖哩正夯，你吃了嗎

有人說咖哩是最終極的料理，因為任何食材碰上都會變成咖哩味，不過仔細品嘗還是有些微不同，現在台灣正流行吃個性咖哩，加紅酒、巧克力、金針菇不稀奇，加原住民香料才夠特別。

亞洲人普遍喜歡湯湯水水，特別是像勾芡般的黏稠，停留在口中時間長，餘韻更多。日式咖哩通常先加料拌炒過，然後加蔬果燉煮，最後再加澱粉多的馬鈴薯，偏甜偏濃的感覺是調整過的，成為國民美食有它的道理。台灣咖哩有哈日因素，把想像中的日本元素混搭，加了抹茶、味噌、豆腐等等，最後變成台式咖哩套餐。

「咖哩正夯，你吃了嗎？」是今夏美食特刊標題，從浮誇、大人味、人氣打卡、高 CP 值、日式家常等內容，足見咖哩在台灣有多夯，從異國料理快要變成新國民美食。回溯咖哩今生前世，每到一個國度，每次登場面貌都不同，有新有舊，加加減減簡直是全球料理史。在日本漫畫《深夜食堂》中，咖哩至少出現了三回，電影版也有，裡面還認真地討論了熟成 (隔夜) 咖哩為什麼比較好吃，可見吃咖哩已經

巴黎→台北	倫敦→台北	溫哥華→台北
義式起司伴蝦仁 鮮蔬沙拉 綠咖哩魚排佐配義大利麵	瑪莎曼洋芋沙拉 泰式黃咖哩醬汁魚佐配白飯 季節水果	凱薩雞肉藜麥沙拉 綠咖哩魚排佐配白飯 季節水果

快成一門咖哩學。

　　那到了機上又是怎樣呢？

▲咖哩是接受度極高的機上主菜選項

　　這裡有三張飛長程的航空菜單，雖然目的地有巴黎、倫敦和溫哥華，但是主菜都有咖哩選項，巴黎的有綠咖哩魚排佐配義大利麵，倫敦因為中途停靠曼谷有泰式黃咖哩醬汁魚，溫哥華往來亞裔不少，所以有綠咖哩魚排佐配白飯，有此可見咖哩是接受度極高的全球性食物。

　　當然空廚菜單要考量的因素很多，雖然台灣本地喜歡甘味咖哩，不過依不同航段的乘客屬性來看，微量辛味可能適口性更大，一樣是機上，咖哩變化多多。

　　其實早在十年前日本航空就在機場貴賓廳供應咖哩，今年更推出全新機上咖哩，2018 年可說夏季天空無處不咖哩！

參考文獻

1. 水野仁輔 (2014)。教科書。台北市：楓書坊。

2. 陳玉箴 (2013)。日本化的西洋味：日治時期台灣的西洋料理及台人的消費實踐。台灣史研究 20 卷 1 期，79-125。

8

晨食之美

早安，
請問要用西式早餐嗎？

徐端儀

QUICHE
POULET FUMÉ

4.00€
(prix pour 5cm)

(圖片來源：Nicole Tequila)

早安，請問要用西式早餐嗎

我們身處世界無其不有，透過人們對食物的喜好可以體現不同地域及傳統，一如台灣街頭美〇美多到爆，每家都賣總匯三明治，而且永遠是夾滿滿的、最貴的那種。一直以來，大家都以為那就是西式早餐，殊不知名稱可能與 club sandwich 有關，「總會」與「總匯」音相似 (club 常譯為俱樂部或夜總會)，形體卻很 local。

好玩的是，飲食文化不只日常，還包括機上餐飲，本書加了一些西方繪畫佐證，希望可以增添趣味。

所以，機上的西式早餐吃什麼呢？

西餐本身定義籠統，說是文化交融的集合也不為過，搭機吃西式早餐就是一個有趣的體驗。

▶ 某航空西式早餐

撇開以粥、飯和麵點為主的中式選項，西式早餐還可細分英式、法式與美式，有的偏愛醃肉腸，有的要好幾種果醬，有的還要加速食玉米片，很難詳盡說明，不過上面那張從香港起飛的西式早餐菜單已大致羅列了重點。雖然搭機坐到的艙等不同，不過餐點差異只是概念的縮小放大罷了。

上圖是某航商務菜單的早餐內容，菜單編排主要依上菜流程，也就是說，當桌布餐具備妥以後，會先來杯果汁，再來是水果拼盤，按照菜單依序上菜。當然你也可以跳掉某些內容，像是亞洲乘客不習慣早餐吃冷食，或不習慣咬起來硬硬脆脆的穀麥片，此時如果想直接跳到熱食，在某個範圍之內是可以接受的。這裡所說「某個範圍之內」，意思是現在有供應的都寫明了，如果你要先翻到菜單下一頁，或是想自己混搭，或者是更多要求，那只能看緣份了，因為除了要有多的備餐，也要看有沒有多餘人力，這跟在經濟艙索取第二份餐一樣，強求不了。

有些航空為了節流不發菜單，直接將內容投放在螢幕，也算一目了然，不過高艙等還是維持發放酒菜單的服務流程，而且裝幀印刷不俗，因為西式餐宴有此傳統，餐前派發菜單代表某種尊重與傳承。

早餐文化的協奏曲

以現在養生觀點來看，早餐要吃得像國王，晚餐像乞丐，但中古完全相反，貴族一天只吃午晚餐，白天晏起根本不用早餐，早餐是勞動的農民才吃的，這也是一般歐陸早餐很簡單的原因。

傳統英式早餐 (Full Breakfast) 以煎烤肉類為主，通常會有醃肉、香腸和蛋這些主食，其他還包括火腿、薯餅和番

▶〈早餐〉(*At breakfast*) 裡吃早餐的小朋友 (圖片來源：WikiArt)

茄蘑菇，還有內臟製作的黑布丁等等，依地區不同略有差異。

英式早餐也有人叫「Fry up」，顧名思義是用平底鍋煎，英倫濕冷的月份多，晨起就需要大量能量，所以早上要吃熱食，醃肉要厚切，香腸要油滋滋，茶水還要燒滾滾，卡路里加總絕對破錶，這種份量十足的英式早餐，許多餐廳會當正餐全天供應。

以前述的早餐菜單來看，內容很接近英式早餐，不過傳統英式早餐要配烤土司，喝的是濃茶加鮮奶，至於後來早餐流行喝咖啡是後話。

肉類是中古時期很平常的食物，不過貴族和平民吃的不同，貴族吃的是精肉製的火腿香腸，平民卻只有過節才能享用，而且吃的還是次級品。貴族食用的火腿要用腱肉，不能用內臟那些次級肉品，而且製作過程繁瑣。

香腸 (sausage) 一詞來自拉丁語「鹽」，最初是為儲存剩餘肉品，把一些次級碎肉與鹽混合，擠入腸衣，加鹽以降低細菌活性。一般灌腸有所謂黃金比例，例如肉 3 油 1 咬起來才噴汁，後來又發展出不同特色，例如傳統英式早餐會有黑布丁 (血腸) 這種東西，血腸以內臟為餡，再經過特殊方法調製。不過通常這類食物評價極端，就像台灣豬血糕一樣，在地奉為傳統，外人卻掩鼻逃跑，諸如這類食材，航

◀火腿必須選擇上好的肉品醃製 (圖片來源：倪惠兒)

空公司一概要避免，這是機上餐飲必須有的考量。

　　19 世紀以前烤爐是貴族專有，平民不但沒有，肉也不常吃，為了物盡其用，只好用鹽醃製，以利保存。

　　醃肉在那時很管用，做成餡餅可以擺很久，還可以拿去以物易物，剩下難吃的內臟除了灌香腸，還可以滾水煮鹹布丁。我們現在覺得布丁要吃甜是後來的事，當布丁變甜後就不再被當成正餐，而是甜品。

　　蛋類也是西式早餐必備，料理方式非常多。

　　話說早餐火腿蛋聲勢浩大，連台灣路邊攤車都有多種版本，美式早餐店最常出現「班尼迪克蛋」，做法是在英式馬芬上淋荷蘭醬，非常濃鹹香。「威爾斯兔子」是英國威爾斯的傳統早餐，做法是將乳酪吐司加熱到半融，之所以會和兔子扯上邊是因為過去狩獵限貴族，農民少有機會吃野味，所以才會把熱熔乳酪當兔肉解饞。「庫克先生」又是另一種變化，庫克 (croque) 在法語有酥脆之意，做法是在加熱土司上灑滿乳酪火腿，反正早餐加乳酪味道變濃是一定，吃起來卻有軟有脆。

　　一般西式炒蛋是蛋液預先拌入奶油與乳酪，再小火慢炒，炒蛋才會軟嫩不澀，當然蛋類還是現做現吃最佳，如果是在機上吃，其實早就做好了，重複加熱時可以先到點牛奶，再低溫慢熱，才不會變成硬硬的蛋派。為滿足機上供餐需求，魚翅航空的空廚甚至備有「自動歐姆蛋機」，機器會自動注入蛋汁在機台上的 18 個煎鍋，只需人工翻攪並翻面，約 17 秒就能迅速做出大量歐姆蛋，很神奇。

　　至於乳酪盤，它可以在西餐各種場合出現，無論早中晚，還是野餐都行。義大利喜歡乳酪入菜，北歐習慣夾三明治，法國則把乳酪視為正餐，而且還是得到法律認證的風土美食，不同地域有各自的代表作。

法國戴高樂總統曾以乳酪妙喻治國之難，話說乳酪種類至少上百種，體積形狀口味都差很多，切割方式與餐具也有別，一般吃乳酪搭配的是餅乾、堅果、果乾、鮮果等，原則上以水分少的乾食材為主。

▲ 西方人一天吃乳酪可以從早到晚 (圖片來源：倪惠兒)

還有一定要提的是，有種歐陸早餐 (Continental breakfast) 以烘焙為主 (就是麵包)，通常以法式長棍麵包為主，加上甜味可頌、布里歐許、酥皮餡餅等，搭配果汁和熱飲，豪華一點的再加上鮮果、乳酪、優格與穀片，肉類比例略少，但是抹醬熱飲的選項變多，從這些組合看起來，上述

菜單也跟歐陸早餐有點像。

西式早餐三劍客：麵包、牛油與果醬

覆盆子是斯萬先生特地送來的，櫻桃是花園裡那顆多年來沒結果的櫻桃樹剛結的第一批，奶油乳酪是我當時最愛吃的，布里歐奶油麵包則是我們帶來的⋯⋯。（普魯斯特的盛宴，2014）

《追憶逝水年華》是法國很有名的文學巨著，普魯斯特用了很多華麗的文字形容他記憶中的盛宴，當然包括烘焙與抹醬。

對西方人來說餐餐有麵包，人活著就是要天天啃麵包。

小麥雜糧提供農民每日熱量，比肉食成本低很多，但在18世紀以前白麵包是上等稀有食物，經過細篩的麵粉烤出來的叫司鐸麵包，加啤酒酵母的叫軟麵包，甚至還有加牛奶

▶ 吹號角的麵包師傅
(圖片來源：WikiArt)

◀切片吃的穀類圓麵包現在市集還是有賣 (圖片來源：倪惠兒)

的皇后麵包，演變到後來，終於 1740 年巴黎高等法院發出禁止製作黑麵包以外的命令，因為貴族竟然可以拿這些奢侈麵包裝飾假髮，窮人卻連黑麵包都啃不起，實在過了頭，麵包禁令才因此出現。

　　歐洲發酵麵包代表之一是長棍麵包 (Baguette)，主要原料只有麵粉、酵母菌、鹽和水，顧名思義長如棍，做法

不是把麵糰拉長，而是先把麵糰對摺幾次，再捲成長條，用料簡單樸實，油鹽極少。傳統做法是手揉，不能冷凍或添加其他添加物，所以相當有嚼勁。更早以前只有胖胖大大的穀類圓麵包，因為接觸空氣面積少，常溫可保存七八天，吃的時候再切片，吃到後來愈來愈硬，就丟到湯盤一起吃。

法國大革命時廢除麵包公會制度，並且頒訂新令，從此無論任何階級都吃同樣的麵包，不再有錢人吃白的，窮人吃黑的，被稱作「平等的麵包」。據說拿破崙曾下令製作大小可以放在軍隊衣袋的長棍麵包，軍隊亦有專屬麵包師傅，對小麥生產嚴格管制，如此才能穩定軍心。

長棍上的裂紋最初是拿來計算的，無心插柳卻成重要標記。如今法式長棍麵包 (French baguette) 已宣布要和小酒館 (bistros)、露天咖啡廳 (terrace cafes) 等競逐 2018 年法國「無形文化遺產」的候選資格。不過，最初長棍是怎麼出現的，始終是個謎，有一說是法國人愛吃麵包皮，也有說是因為饑荒發明這種可以充分運用烤盤的條狀麵包，如此一來可以每次大量出爐。

從法國最傑出的靜物畫家夏丹 (Chardin Jean Baptiste Simeon)〈市場歸來〉(*Return from the Market*) (1739 年) 畫中，購物袋一角露出了半截長棍，證明了當時已有此種飲食文化。

歐洲發酵麵包代表是加了很多油脂的可頌 (croissant)，人見人人愛。可頌也是航空餐點最受歡迎的麵包，麵體酥油比例高，層次紋理多，一

▲夏丹繪畫精準描繪物質文化的細節 (圖片來源：WikiArt)

口咬下外酥內軟，滿足感極大。據說牛角外觀與土耳其進攻維也納有關，後來奧地利公主嫁給路易十六，可頌就跟著傳到法國，不過跟中國中秋月餅塞殺韃子一樣難考。

不可諱言的是，可頌原鄉是奧地利，發揚光大卻在法國。

通常用餐期間麵包會持續供應到主菜完才收，因為它可以清口，這中間就算掉麵包屑也無所謂，等到要上最後一道主菜 (甜點) 之前再整理就行，不過正式場合還是不宜拿麵包沾醬或湯，因為那是以前窮人才有的吃法。

一戰後的法國流行早餐吃可頌沾咖啡，吃到杯底有渣才算門道，這種習慣一直延續到今天，而且可頌口味愈來愈多，從基本款的杏仁、巧克力、葡萄乾，到這幾年驚為天人的玫瑰可頌，可頌早已不是烘焙，它代表精品。

牛奶也是中世紀常見食材，加工後的乳酪便於儲存，而且可以調味，對窮人來說幾乎不用再加其他佐料，乳酪是生活必須的乳品再製。

基本上奶油和乳酪都倚賴酪農，所以歐陸畜牧早早就很發達，尤以牛乳提煉而來的牛油最濃醇香，市面常見的乳瑪琳其實是動植物油脂染色，有經過化學加工，價格便宜，但品質和天然牛油差很多。

純天然奶油當抹醬可以有或清淡、或濃郁的奶香，揉入麵團以後，因為分子結構改變，可以烘焙出鬆軟到酥脆的細緻差異，這些都是加工油品做不出的。當然其他動物油脂也有類似效果，像豬油因為含水量少，酥皮可以做得更薄，不過香氣卻差了一截。

西方飲食不能沒有油脂，使用方式可說因地制宜，一般簡單分為動植物兩類，靠地中海一代以植物橄欖油居多，其他地區以動物奶油為主。早在中古時期，就有奶油入菜的紀

▶乳酪是生活必須的牛奶加工品 (圖片來源：倪惠兒)

▶蒜味麵包非常受到機上乘客歡迎，不過早餐不供應 (圖片來源：倪惠兒)

載，文藝復興之後更為流行，直到今天奶油醬汁都是西餐的靈魂。

《吐司：敬！美味人生》這部電影真人真事，改編自英國名廚史奈傑回憶錄，他回憶母親拿手、唯一的料理就是烤吐司。

要說最愛吃吐司的要算英國人吧，一般吐司最常出現早餐，貴族喜歡將麵包切片，先用吐司叉在炭火餘燼上慢烤，烤完再放在烤土司架上桌，然後塗抹醬慢慢吃，不過那是有錢人的優閒，窮人卻窮到可能什麼都塗不起，所以乾麵包 (dry bread) 就成貧窮的代名詞。

西式早餐還有一特色，就是喜歡同時在麵包上抹上幾種果醬，再加上薄鹽牛油或蜂蜜，入口酸酸甜甜又鹹鹹，豐富有層次。

機上早餐亦比照辦理，因此就算是最基本的經濟艙，也有牛油果醬佐麵包。如果是像前述的商務菜單，還會有兩種以上的果醬、蜂蜜及牛油，不熟悉西式早餐傳統的乘客，可能很難理解為什麼吃個麵包要給那麼多抹醬，一次抹一種哪裡吃的完啊！

果醬的英文有好幾種，最常聽到的 jam 濃稠有果肉，jelly 類似果汁果凍，marmalade 呈現果泥狀，而且大多以柑橘類為主，還有一種保留整顆水果的果醬叫 conserve。通常會選用富含豐富果膠的水果製作，像香蕉、鳳梨或瓜類這些就不適合。現在一般人最常把果醬當抹醬用，其實果醬用途相當廣，除了做淋醬、盤飾，還可以配茶泡茶，其實過去果醬常用來當佐茶點心，盛在湯匙裡和茶一起上桌，這種吃法一直到現在仍在中東地區流

▲ 印象派畫家哈山姆 (Childe Hassam) 筆下的〈法式茶園〉(圖片來源：WikiArt)

行。

印象派畫家哈山姆 (Childe Hassam) 在〈法式茶園〉 (*The French Tea Garden*) 就細細描繪了喝茶的講究，其中蘊含許多歷史典故。

早餐吃了那麼多嘴會渴，當然需要茶或咖啡，而且一般都是無限暢飲，雖然茶和咖啡都不是歐陸原產，而且最初是拿來治頭痛宿醉的藥物，不過兩者性質有異，茶是尊貴的飲品，喝茶的歷史要比咖啡早很多。

西方自 16 世紀香料貿易到 20 世紀帝國主義，都有來東方找茶的目的。至於咖啡逐漸受到歡迎與新教徒崇尚努力工作有關，咖啡不但可以提神，而且比茶便宜，因此廣受中產階級喜愛。後來美國獨立戰爭爆發也與茶稅有關，美國獨立之後廢除關稅，咖啡產量大增，導致飲用茶與咖啡的版圖消長，後來美國又發明快速濃縮與即溶沖泡的方式，從此早餐喝咖啡成為熱飲首選。

從玉米片到全球碗食風潮

沙拉 salad 語源拉丁文的 sal，有灑鹽的意思，一般來說，可以做為沙拉的食材相當多，其中最常見的就是萵苣 (lettuce)。

萵苣有捲捲曲曲的葉緣，視覺效果極佳，又因為富含水分多，入口多汁爽脆。

從前法國慣以女性名稱把萵苣分類，是因為萵苣最適合搭配主菜，如今健康飲食當道，以沙拉為主食的飲食習慣成潮流，萵苣受到重視的程度與日俱增，不過大概沒人注意到，萵苣其實非歐陸原生品種，它是來自地中海的葉菜類，最初是為了做蔬菜油，後來跟著歐洲移民入北美。

　　古希臘人基於人類體液，將食物分為幾種性質，要互相搭配著吃才能維持健康，萵苣這種蔬菜被認為性寒，最好在飲酒 (性熱) 前食用，後來演變成要在主菜前吃，一方面不會影響胃口，另一方面還可以清口。

　　一般沙拉裡面除了蔬菜，還會放水果。水果、果汁之間的共通是它們都具有酸度的揮發性，這正是感覺新鮮的關鍵。微微的酸可以提鮮解膩，尤其是搭配海鮮、肉類等食材，新鮮的酸味是揮發性的，好比番茄至少有數百種揮發氣味，但多數含量低到難以覺察，真正感覺到的大約只有 15 種，而且分開去聞也嗅不出番茄該有的味道。

　　感官並非單一，而是共感的效果，所以東西新不新鮮與酸度有關，可是太多也不行，會有腐敗的酸臭感，所以酸味

是需要謹慎運用的嗅覺。

　　當你吃新鮮水果時，口中那股微微甜酸苦的果香來自果皮和皮下層，如果汁不是現榨的，而是罐裝鋁箔包的，經過高溫殺菌的過程讓揮發物質逐漸喪失，少了天然果香，你就覺得不夠新鮮好喝。

　　西式早餐一定有穀類玉米片，但台灣美○美完全沒有，你想過為什麼嗎？

　　玉米原生於美洲大陸，18 世紀美洲移民開始當作主食，後來美國發明了小麥乾燥脫水成麥片的技術，不多久玉米片 (cereal) 跟著誕生，這種穀類即食脆片並不一定是純玉米，而是是綜合穀粉磨製，最初是療養院提供的食療餐點，與另一種綜合堅果 (muesli) 出現的時機相仿，都是為了追求健康飲食，當時正逢美國經濟大蕭條，牛奶泡玉米片的簡便早餐大受歡迎，成為美洲早餐文化的重要代表。

　　過去歐陸並無食用玉米傳統，對玉米片的接受度不高，但是受到飲食全球化影響，年輕人接受程度愈來愈高，所以一般機上早餐都會備有天然穀麥速食，不一定是玉米，多數是綜合穀類口味，與水果、牛奶或優格混合攪拌，新鮮即食。

　　在 2018 年 6 月某日中東飛往台北的航班裡，早餐供應很豐富，西式至少有歐式、英式好幾種，煎蛋、起司、香腸、麵包、優格、水果、穀麥一應俱全，還同場加映雞肉

▲微微的酸可以提鮮解膩 (圖片來源：倪惠兒)

粥，最後還有速食杯麵，這種文化的雜食性不只反映在機內餐，也反映在日常飲食。包括目前正夯的「碗食趨勢」(Food Bowl Trend) 也是跨域代表，雖然這陣風是從夏威夷吹起，但其實就是我們最熟悉的蓋飯丼飯，有 layers of flavors 層層堆疊的概念。

穀片、水果、牛奶或優格混合的早餐堪稱碗食經典，但整碗冷冷的，台灣人早餐不愛。

說到碗食我們會想到的是大滷麵、麵疙瘩，甚至是粉圓ㄆㄨㄚ、冰等等。西方「一碗食」(One-bowl Meal) 則走健康輕食路線，像Smoothies、Yogurt 和玻璃罐沙拉都是，它不只求簡，還希望東西要好好的吃 (mindful eating)，均衡健康的吃。連英國型男主廚詹姆士・奧利佛 (Jamie Oliver) 也有他的食譜，除了一定要加的堅果，還拌上新鮮紅石榴，擠了檸檬汁，應該會酸酸的，不知道吃起來會是什麼好口味。這股風潮也吹向了航空公司，2017 年法國航空官網專欄推薦「巴黎最佳一碗食餐廳」，這是相當具指標的風向球，或許不久的將來，亞洲航空公司也會推出在地風味的「機上一碗食」，在炎炎夏季的航班應該頗受歡迎。

參考文獻

1. 王善卿 (譯) (2016)。橄欖油到蘋果酒：超市裡的歷史課。台北市：意念文創。

2. 韋曉強 (譯) (2013)。美食黃金比例：麥克・魯曼打造完美廚藝的 33 組密碼，掌握比例就能變化出 1000 種以上料理。台北市：積木文化。

3. 莊靖 (譯) (2014)。味覺獵人：舌尖上的科學與美食癡迷症指南。台北市：漫遊者文化。

4. 施康強等 (譯) (2006)。15 至 18 世紀的物質文明、經濟和資本主義卷一日常生活的結構：可能和不可能。台北市：左岸文化。

5. 劉曉媛 (譯) (2010)。一切取決於晚餐：非凡的歷史與神話、吸引與執迷、危險與禁忌，一切都圍繞著普遍的一餐。台北市：博雅書屋。

6. 蔡倩玟 (2008)。美食考：歐洲飲食文化地圖。台北市：貓頭鷹出版。

7. 蔡錦宜 (2009)。西餐禮儀。台北市：國家出版社。

8. 鄭百雅 (譯) (2016)。看得見的滋味。台北市：漫遊者文化。

9

菜單之美

MEAL TRAY 裡的小小世界

徐端儀

(圖片來源：Nicole Tequila)

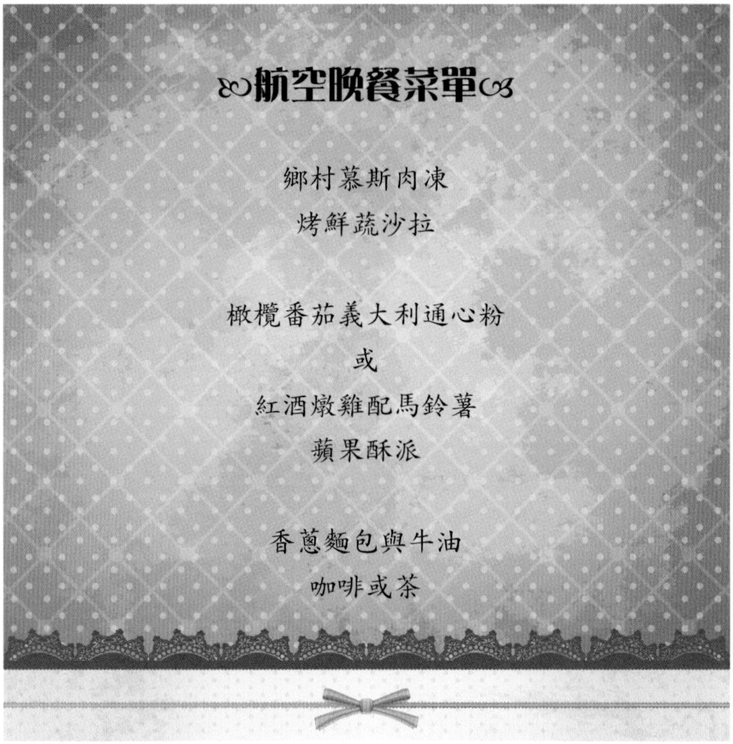

˨航空晚餐菜單˩

鄉村慕斯肉凍
烤鮮蔬沙拉

橄欖番茄義大利通心粉
或
紅酒燉雞配馬鈴薯
蘋果酥派

香蔥麵包與牛油
咖啡或茶

▶ 經濟艙晚餐菜單

打開 Menu 我們要開始了喔

　　如果餐桌是舞台，菜單就是劇本。讓我們用菜單說說故事……

　　菜單 (menu) 一詞來自拉丁 minutus，有少量或細節之意，18 世紀中逐漸轉變成介紹一餐之中全部菜餚的文件。

　　過去貴族家宴無菜單，套餐菜單是 19 世紀以後的產物，按上菜順序介紹菜名與內容。

　　法式料理主要分前、中與後段，一般要全上全下，意思是每次出菜時間要一致，在這之前還要先清桌面，因此等候

的時間頗長，座上賓客都要很能聊，服務員除了要有扛著大托盤跑堂的能耐，眼明手快更不能少。我們現在通常稱 Menu 為菜單或菜譜，簡單的 A4 大小的簡介，隆重的有很精緻的裝幀，厚厚一本在手，它不只說菜色，還牽涉書寫詮釋、美化與文化轉譯。

菜單出現很早，中西皆然，中國鼎鼎大名的蘇東坡和袁枚都有自己的食譜，一般中式菜單喜歡描述口感與製作，日式偏重意境，對感覺與氛圍的著墨較多，menu 中的感情語彙可以勾起情感，帶來愉悅，它就是審美體驗。

我們現在所熟悉西式菜單，在歷史上出現的時機，與私人餐廳差不多，大概要等到 18 世紀中以後，這時菜單的寫法像情境展演，除了基本食材、醬汁等等介紹之外，用詞愈來愈文藝，語彙也愈來愈專業，凸顯的是詩性詩意，所以特別喜歡手寫手繪，插圖不多。

直到今天比較正式的西餐廳還是不會在菜單上直接放照片，雖然簡單方便，但是太寫實破壞想像，書寫概念也類似，像是強調真材實料、份量十足之類的形容太淺白，高級餐廳喜歡用多音節的法、義文書寫，因為同樣來自拉丁語系字源有古意，而且喜歡用一些多汁、濃郁、酥脆這些感官的形容。

菜單是個潘朵拉的盒子，翻開有數不盡的驚喜，研究菜單字源可以知道淵源典故。法式菜單書特別寫喜歡用一些形容詞彙，像小巧、精緻、宮廷等等，把高雅食物稱為 cuisine，懂得吃的人叫 gourmet，書寫加上禮儀將飲食雅化。

中世紀上菜服務用的是 service 這個字，重頭戲當然是主菜。entrée 一詞源自拉丁，不過在歐洲指的是開胃菜，通常先喝湯，再來是魚，然後上桌的熱食肉類叫做

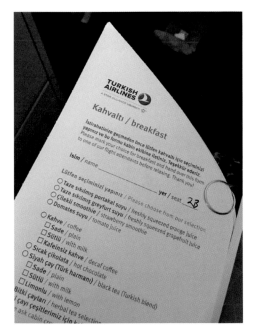

▲如果餐桌是舞台，菜單就是劇本 (圖片來源：倪惠兒)

entrée。第一次大戰後慢慢有了變化，魚肉順序不一定，只要是可以當作主食的那道料理都算，不過比起 entrée 的正式，美式餐廳更偏好用 main course 來稱呼。

　　機上所使用的菜單到現在還是使用這些關鍵字，只是編排做了一些調整，有的濃縮有的省略，機內菜單不會出現家常、熱炒、西餐甲乙級執照這些太直接的介紹，雖然簡單親切卻不夠有吸引力，需要的語彙必須有特殊性、故事性，尤其國際航線乘客來自四面八方，有人返鄉有人出航，必須同時兼顧異國風情與賓至如歸的雙重感受。

　　多數航空機內食是在西式餐飲架構下融入在地元素，來往東西的中東籍航空反而更看出跨域的特色，例如阿聯酋機上餐的前菜是尼斯沙拉 (法國)，熱食有胡椒餡餅 (中東)、叻沙 (馬來亞)、沙嗲炒飯 (印尼)，甜點是巧克力蛋糕與糖漬芒果，幾乎道道菜都有地方特色，讓人眼花撩亂。

　　東西飲酒大不同，尤其是華人飲酒為熱絡，杯酒可以釋兵權，乾杯文化久遠。西方把酒視為菜餚搭配，佐餐啜飲要慢慢來，敬酒勸酒點到為止，因此酒單和菜單從開始就是分開的，宴請賓客的隆重可以從葡萄酒的選品來看，像年

份產區等都是指標。

　　不過酒單書寫的成熟要等到工業革命，桶裝改成瓶裝，加上酒標資訊充分，各種條件完備之下，才開始普遍有用餐配酒的習慣，不過那已是 20 世紀後的事。

　　品酒顧問評選葡萄酒不僅考慮酒的品質，亦反覆評量是否適於乾燥的機內環境品嘗。除了可以啜飲 Dom Pérignon 香檳，咖啡愛好者還可選用 illy 系列由 Espresso 到 Cappuccino 的精品咖啡；茶的可選擇包括知名 TWG 茶品、日本綠茶、中國烏龍與印度奶茶等。

　　上述是 S 航空酒單部分內容，不但詳述機上選用的酒水飲料，還特別提及環境對品酒的影響。

　　選酒配餐有幾個基本原則，一般餐前酒要開胃，口味宜清淡少量，但是啤酒那樣容易腹脹也不行，用餐之間的葡萄酒大致重口味配厚酒，反之亦然，至於甜酒烈酒只要餐後一小杯，點到為止。

supper? dinner? 傻傻怎麼分？

　　義大利對法國餐飲的影響主要在餐桌禮儀與甜點，當 60 年代美國航空業一日千里，法式餐飲元素融入機內餐飲服務，尤其是個人化用餐部分。

　　古羅馬貴族是躺著用手進食，中古也是全體共用餐具，分食與個人餐具的用餐習慣出現的時間很晚，卻是近現代最主要用餐方式，機上用膳不分艙等都至少一人一套，還有就是甜點的重視，即便在經濟艙也會在菜單標示，受重視可見一斑。

　　法文 diner 指的是正餐，但時間不一定，只要不是起床後的第一餐都可以算是，其實比較接近中餐概念，正餐之後晚餐份量就比較少，稱為 supper (輕便餐)，那時因為夜間照明不足，晚餐不能拖太晚，等到法國大革命之後正餐時間愈拖愈晚，結果 supper 被淘汰，另外又出現 lunch (早午餐) 與下午茶，這些都是因為用餐時間挪移所改變的習慣。

　　當然這些繁複的用餐方式只有貴族與中產階級，對勞動者來說一天最重要的是早餐，吃飽才有力氣應付全日所需。工業革命之後，大部分的人都要工作，很少人白天在家吃正餐，把正餐挪到晚間是很自然的事。

　　對於機內餐飲服務來說，大部分午晚餐供應都可算正餐，而正餐之間就可能是便餐或點心，很有彈性，supper 概念也可以應用於機場貴賓室，英航在許多機場都有 Pre-Flight Supper，提供頭等艙貴賓登機前的餐飲。

刀叉匙──個人餐具組

　　我們很難想像歐洲在 16 世紀以前是沒有個人餐具的，酒杯共用，刀是隨身攜帶的佩刀，叉是雙股大叉，用來上菜或滾動爐火上的烤肉，油滋滋的雙手可能隨便拿桌布就擦，講究一點的有僕役捧著水壺在等，隨時拿水清洗。最先用叉的是威尼斯貴族，剛傳入歐洲還被嫌惡，覺得裝模作樣而且對象徵上帝的食物不敬。

　　機上個人餐具的組合是從最基本的刀叉匙三件開始，相信大家使用最多的還是叉子，因為如果不拘禮數，一叉吃天下，從前菜到甜點都能用，不像餐刀在吃通心粉或米飯時很沒輒，大概沒人想到叉子出現的時間很晚，這當中原因很多，其中一個就是宗教。

商務艙個人餐具通常
以布包裹 (圖片來源：
倪惠兒)

　　最初食物被認為是上帝賦予，用餐具取食是對上帝不
敬，所以中古時期只有廚房用的大湯匙，餐桌旁的貴族都是
直接以手取食，要切肉就拿隨身佩刀現切，手髒了就直接在
桌布上抹。

　　叉子據說是從拜占庭傳到威尼斯，貴族們因為餐後吃蜜
餞會黏手，才開始使用小叉。不過對當時人而言，的確匙與
刀的功能性較大，畢竟食物味道跟餐具沒有直接關係，用叉
只為美觀方便。後來義大利梅迪奇家族與法國聯姻，凱薩琳
陪嫁的嫁妝有鐵叉，叉子才開始在宮殿流行。不過當時海峽
另一頭的英倫還是不以為然，覺得不應違背上帝要人尊敬食
物的美意，叉子做作不實用，最後一直等到英王查理一世宣
布「叉子是合乎禮儀的規範」，叉子才真正普遍起來，不過
那已是十七世紀後話。

　　凱薩琳嫁來法國對西式餐飲厥功甚偉，她帶來玻璃餐
具、瓷器、桌布與成套餐桌禮儀，這些不只出現在正統西餐

▶ 機上西式餐具組通常以布包裹放右側 (圖片來源：倪惠兒)

盛宴，也濃縮在機內用膳，其中包括派發 menu 這件事，雖然菜單不是什麼新發明，不過它會正式成為用餐程序，還是有番歷史典故。

文藝復興貴族盛宴是一輪一輪的輪番上，甜鹹不分，中間還有餘興雜耍，排場極大，後來法式料理逐漸簡化，但還是要把菜色一次上完，關鍵在於後來「俄式上菜」的流行，從此每道菜先在廚房分好再端出，再搭配個人餐具，才變成我們現在習慣的用餐方式，但俄式上菜也有個缺點，就是你不知道接下來是什麼？ 菜單的重要性因此凸顯。

中古貴族用餐雖不能說粗魯不文，但與我們現在認知的西餐禮儀很難聯想，整套遊戲規則大部分是十七、十八世紀法國貴族的傑作。比方說，中古貴族用餐隨興，找個地方簡單支起餐桌就能吃喝，起初路易十四也差不多，但是他開始擁有固定餐桌，接著控制上菜順序，對餐具與擺設有想法，對吃這件事的轉變，使用餐重心從餐桌移轉個人，個人餐具成為必要，先有刀和匙，後來才加上叉子，才完成現在的基

本組合，不過那已是十八世紀的事了。也是從這個時期開始，凡爾賽宮引領的生活美學成為全歐仿效的對象，法式餐桌禮儀也大致完備，餐具使用與擺放位置一一成為品味標準。

不懂幹嘛還要胡椒與鹽

飲食可以引領我們穿梭古今，想像過去，在冷藏技術不發達的漫長古代，胡椒與鹽是最主要的肉類保存方式，如今成對出現在餐桌，其實各自代表不同歷史階段，鹽的使用史前就有，希臘羅馬時代會用來當祭品或禮物，中古時代廚房甚至還有專門管鹽的僕役，可見多受重視。

胡椒是來自東方的神奇香料，除了基本調味儲存，據說還有壯陽功效，讓歐洲貴族趨之若鶩，不過當時如此豪邁的使用是為彰顯，所以灑胡椒要在眾人面前，不是混入食物烹煮。

在香料尊貴的年代，排行第一的是胡椒。

胡椒在被視為奢侈品的年代曾被豪放的使用，後來回歸到調味料，用量自然大減，其中有一個重要因素是新奢侈品的出現 (可可、咖啡、茶等)，讓人們轉移了炫耀的目標。

過去四大香料分別為胡椒、肉桂、丁香與荳蔻，胡椒曾為香料之首，奇貨可居的年代還可以當作貨幣與餽贈，現在因為用餐習慣不同，對香料的狂熱只剩下胡椒，以至到現在胡椒與鹽罐仍並列餐桌。

在航海之路還沒發現前，香料來源稀少，貴族爭相用來炫耀，吃什麼都大把大把撒，連甜點、飲料都不例外，暴利讓當時歐洲貿易拚命追逐香料，威尼斯也因水運成就了輝煌，不過等到通往印度的航海之路被發現，香料不再奇貨可

居，加上法式清淡調味的流行，香料使用就人人減少。

　　法式料理將酸甜混合的中古料理改良，把原本拿來調味醬汁變成主角，又把甜點放到最後，經過調整之後，調味料的只剩鹽和胡椒還在桌面，點綴效果大於實際，當航空公司把這套模式搬到機上，每家航空都會為高等艙設計迷你調味罐，正如左圖上的兩顆丸型調味罐，成對出現卻形狀有異，一般以上方的孔數 (孔數不一) 區分，少孔是鹽，多孔是胡椒，若是經濟艙，就把小包胡椒鹽放在餐具包。

不吃葉菜吃什麼菜

　　馬鈴薯雖然不是歐洲原生品種，但是帶來的影響不亞於蔗糖，是一種對西方的飲食革命。

　　歐陸氣候不利葉菜耕作，蔬果還是以根莖豆類為主，但是中古貴族並不愛，理由是愈接近土壤的食物接近地獄，尤其是洋蔥蘿蔔只有窮人才吃，貴族只吃長在樹上的水果 (因為離天堂較近)，現在很普遍的馬鈴薯和番茄都是 16 世紀才傳入，以這幅 16 世紀尼德蘭畫家阿爾岑 (Pieter Aertsen) 繪畫來看清楚不過。

　　馬鈴薯傳入歐洲時被稱土蘋果或土松露，考古學家發現西元前兩千五百年安地斯

▲土耳其航空所附的胡椒鹽罐很有特色
(圖片來源：倪惠兒)

◀16 世紀尼德蘭畫家
畫的蔬菜攤女士 (圖片
來源：WikiArt)

山脈就有馬鈴薯，而且至少有幾百種原生種。

　　當時印地安人首先發明曬乾再冷凍的儲藏方式，這樣就
不會變質。最初西班牙人食用是預防海員壞血病，那時候馬
鈴薯是新奇植物，還不算食物，原因很多，包括西班牙人歧
視新大陸食物，加上馬鈴薯屬茄科，教會認為正常植物要透
過種子繁殖，馬鈴薯長地下，根莖崎嶇，地上枝葉有毒，絕
對是異教徒的魔鬼蘋果，再者當時主要經濟作物是玉米，總
之在 16 至 17 世紀馬鈴薯只是植物園珍奇，偶爾點綴一下
餐桌，食譜上是沒有的。

　　馬鈴薯是外來品種，起初被引進西班牙屬地尼德蘭，也
就是今日荷比盧一帶，不過因為表面有凹洞，久放會長芽
毒，切口會變黑，謠傳吃了會得痲瘋，後來經過國家力量推

動才讓農民慢慢接受，願意種植，起初從南美安斯傳入時馬鈴薯被稱 spud，後來甚至繁衍上千品種，解救飢民無數，成為賴以存活的主食。

1885 年梵谷 (Vincent Van Gogh) 的〈食用馬鈴薯者〉(*The Potato Eaters*) 如實畫出了當時景況，昏黃燈光下，圍著簡陋飲食而坐的一家人，面容慘淡，可知當時平民生活如此艱辛，與今不可同日而語。

雖然 19 世紀馬鈴薯已成德國平民主食，八卦卻沒停，說吃了會軟骨貧血、栽種會破壞休耕土讓等等，當然最後謠言不攻自破。馬鈴薯因為適合愛爾蘭土壤，很快愛爾蘭就成為種植最多國家，19 世紀街頭就出現賣奶油馬鈴薯的人 (Potato man)，沒多久炸魚搭配薯片也跟著出現。

▼ 梵谷〈食用馬鈴薯者〉(圖片來源：WikiArt)

　　馬鈴薯烹調大多削皮後要馬上處理，不然顏色會變褐出水，不過它勝在可以做成各式各樣的食物，最常出現的方式大概就是薯條。據説薯條是比利時發明的，捕不到魚就用薯條油炸，結果大受歡迎，炸魚薯條 (Fish and chips) 大概算得上是英國經典美食。

　　後來馬鈴薯由英國殖民帶入美國，起初是由維吉尼亞附近的殖民地開始，所以就被稱為維吉尼亞 potato，不過後來美式薯條卻叫做 French fries。

　　我們現在把馬鈴薯當作主食，怕胖的尤其對油炸薯餅很忌口，可是維多利亞時代的人把馬鈴薯當「蔬菜」，英國氣候濕冷少有葉菜類，除了洋菇番茄洋蔥就是馬鈴薯，幾乎餐餐都吃。飲食與地方關係是不斷改變的，就像米飯一直到現在，還有很多西方人是把它當蔬菜吃，跟豆類一樣要先用叉壓一壓再盛著吃。

　　2018 年秋季，新航復飛新加坡到紐約航段，號稱民航最長飛行 (中間不落地)，飛行時間長達 19 小時。為避免血糖不穩，機上食特別調整為少量多餐，第一個剔除的就是馬鈴薯，換上花椰菜、薑黃和肉骨茶等等，訴求滋潤養生。

　　和馬鈴薯一樣大受歡迎的還有番茄，在 18 世紀以後被當作歐洲重要蔬菜。番茄與馬鈴薯同屬茄科，原生於美洲，大約 16 世紀傳入地中海，不過番茄熱量不高，不能像馬鈴薯一樣成為麵包替代品，其實應該算水果，義大利人稱它黃金果實，飽含各種風味，很適合調味，做成拿波里義大利麵和瑪格麗特披薩都廣受歡迎，拿坡里披薩甚至已被列為聯合國「無形文化遺產」。不過最初傳入時，因為顏色會由綠黃轉紅，外型又像蘋果，感覺可疑，很怕吃了中毒。

義大利麵曾經是奢侈品

《深夜食堂》漫畫第一集和電影都有「拿破崙義大利麵」(Spaghetti Napolitan) 橋段，劇情還特別加碼說明這種用罐裝茄汁炒出來的麵，跟義大利沒關係，跟法國拿破崙也沒關係，反而跟美國麥克阿瑟有關，它是二戰時某飯店大廚做給美軍吃的自創料理，食譜傳開後大受歡迎。

戰後日本物資短缺捨不得用新鮮番茄，直接用番茄醬下去炒很方便，再加上香腸、洋菇、青椒等等，後來變成經典洋食是因為中小學營養午餐有這道，足以證明料理的流行不只口味還有社會因素，一如美國人喜歡吃義大利麵也是受義裔移民的影響。

▶ 菇類是西式餐飲常見配菜 (圖片來源：倪惠兒)

相對亞洲的稻米文化，歐洲是以小麥文化為主。

我們對西方人天天啃麵包的印象也不是一開始就有的，過去西方歷史有很長的歷史，窮人靠麵糊果腹，而且是黑麥、裸麥、小米煮成的雜糧麵糊，口感不佳但能止飢，因為小麥要經過磨坊，磨出來的麵粉無法久藏，最後烘焙還要烤爐，能夠天天烤麵包的家庭非富即貴。

小麥源於中亞，古埃及壁畫已有燒烤麵餅的圖像，龐貝考古也有麵包坊遺跡，很久以前就是地中海一代的主食，當基督教開始流傳以後，麵包更代表基督肉身，所以上教會要領聖餐吃麵餅，團塊的麵餅麵片可能是麵條的雛型，不過pasta (義大利麵通稱) 卻是義大利南方發明，要用穀粉製成未發酵麵糰去加工，不同於北方新鮮麵食，南方因太陽光充足，發展出乾燥製麵的技術，17 世紀拿坡里因為更靠近產區已成製麵重鎮，不過乾燥麵需要原料技術，以及不可或缺的陽光，所以當時算是高級食品，當量產穩定之後才運用到軍隊與航海，直到 18 世紀慢慢普及，工業化對包裝進行改良，讓義大利麵走入超市才真正變成大眾食材，形狀和名稱變化之多連義大利人也說不清。

雞肉是新的飲食習慣

歐洲肉食歷史開始很早，但是當人口增加到一個極限，光靠畜牧無法提供足夠肉食，植物種植就成為主要熱量來源。整個 15 到 18 世紀人類都以植物為主要食物，吃肉食表尊貴，也就是說大部分的人得靠澱粉取的熱量，肉食不足的現象要到工業革命以後才翻轉。

中世紀的飲食習慣其實很不健康，因為衛生條件不佳，生鮮不敢碰，食物都要煮到軟爛，貴族尤其喜歡吃一些稀奇

古怪的珍禽，然後加上大把大把香料，這些都無關美味，而是象徵地位，所以才有人笑稱中古每道菜都是猜謎，吃東西是為排場，愈浮誇愈好。文藝復興以後才慢慢重視食材該有的味道，進入法式料理的時代，大大減少了香料使用，才讓食物原味呈現，所以像前面菜單中的鄉村慕斯肉凍其實是非常古老的料理，不過對一般農民來說，一家人通常只有一口鍋圍著吃，家中除了沒烤爐，連磨坊也得借，平日連吃麵包都奢侈，更遑論如此費工的肉泥，窮人蔬果吃得多有很多無奈，因為自栽自種不求人，不過還是吃根莖類為主，像是洋蔥、蘿蔔、甘藍之類，葉菜水果反而少，因為以當時階級觀念而言，水果長枝頭，平民只能吃地下根莖，基於種種原因，烤肉才是大多數人心目中的大菜，這種想法一直延續至今。

紅酒燉菜本來是就地取材，上不了檯面的鄉村菜，現在會成為名菜背後有重要推手，一位是被譽為法國現代料理之父的艾斯科菲 (Georges Auguste Escoffier)，他能文能武懂社交，1903 年出版的美食指南就有紅酒燉牛肉，後來被一位美國外交官婦人介紹到美國，不但出了暢銷書還電視教學，她的自傳當然少不了紅酒燉菜，近幾年還翻拍電影成賣座電影《美味關係》(Julie & Julia)，請到梅莉史翠普飾演柴爾德 (Julia Child) 這位傳奇名廚，唯妙唯肖。

不過傳統紅酒燉的都是牛肉，拿來燉雞又是怎麼回事？

西方貴族有狩獵傳統，而且是專利，所以中古貴族盛宴會吃一些珍貴禽鳥當作炫耀，加上古希臘有四種體液的學說，食材依生長環境有不同屬性，人吃東西有相生相斥的考量，必須協調才有益健康，像雉雞、野鴨這種能飛天的是高級品，陸生動物以豬最接近地面地位最低，是主要肉食對象。

　　一般平民因為狩獵不被允許，沒機會吃野味，平日肉食機會不多，開始吃雞肉與工業化有關，而且還是來自美國的新食材。肉雞飼養週期僅有幾個月，成本比四隻腳的豬牛羊少很多，美國有廣大土地可大量機械化飼養，而且冷藏技術進步。此外雞肉的味道比較淡，和任何料理都百搭，當過空服員的都知道，機內派發餐點時很怕選擇一面倒，常常會又會遇到不吃牛、豬，或是對海鮮過敏的乘客，相較之下，對雞肉餐排斥的機率就少很多，雞肉可說是航空餐點 top one，每個艙等都一定有。

蘋果派是西方古早味

　　蘋果原生歐亞交界，所以歐洲很早就有夏娃與白雪公主吃蘋果的故事，不過可以生食的蘋果種很少，大部分都比較酸澀，所以多半拿來加工或釀酒。蘋果酒就曾一度是英國最愛，布列塔尼的薄餅配 Cide (蘋果氣泡酒) 很知名，蘋果派更是西方節慶必備，光是維基百科就有英式、法式、荷式、瑞典式等等，其實應該還要加上麥當勞式，因為它代表蘋果派已經是全球性甜點。

　　目前所知最古老的料理書是 14 世紀法國名廚泰爾馮 (Taillevent) 編寫《食譜全書》(Le Viandier)，當時就已將甜點單獨分類，而且介紹了新鮮水果製成的甜派。

　　中世紀把派皮稱為 coffin，是派盒之意，因為當時還沒發明耐熱器皿，派皮是用來盛裝食物的盒子，這種派盒通常是即可拋，只有窮人才會吃剩下派皮，後來經過酥油改良，咬起來酥香，適口性才變好。派皮與塔類還有餡餅都是很類似的做法，可鹹可甜，不只平常吃，佳節更要吃，像歐洲慶祝新年有吃國王派習俗，派皮裹住濃郁的杏仁奶油餡，上面

要有文冠造型，派皮還藏有小人偶，代表東方三王後夜訪耶穌誕生，跟中國過年水餃藏錢幣一樣，誰吃到誰好運，象徵意義早已大過生理需求。

參考文獻

1. 王善卿 (譯) (2016)。橄欖油到蘋果酒：超市裡的歷史課。台北市：意念文創。林郁芯 (譯) (2016)。食物的世界地圖。台北市：時報出版。

2. 施康強等 (譯) (2006)。日常生活的結構：可能和不可能。15 至 18 世紀的物質文明、經濟和資本主義。台北市：左岸文化。

3. 宮崎正勝 (2016)。餐桌上的世界史。台北市：遠足文化。

4. 張雅億 (譯) (2016)。料理世界史：一百道食譜看飲食的千年故事。台北市：麥浩斯。

5. 楊冀 (譯) (2014)。法式韻味：時尚美饌、生活品味、優雅世故，路易十四送給世界的禮物。台北市：典藏藝術家庭。八旗文化。(The Essence of Style: How the French Invented High Fashion, Fine Food, Chic Cafes, Style, Sophistication, and Glamour., 2006)。

6. 薛文瑜 (譯) (2004)。饗宴的歷史。台北市：左岸文化。

7. 薛文瑜 (譯) (2018)。諸神的禮物：馬鈴薯的文化史與美味料理；以激烈方式改變世界歷史的貧民食材。台北市：遠足文化。

8. 陳弘美 (2010)。餐桌禮儀/西餐篇。台北市：麥田出版。

9. 蔡錦宜 (2009)。西餐禮儀。台北市：國家出版社。

10. 鄭煥升等譯 (譯) (2017)。蛋糕裡的文化史：從家族情感、跨國貿易到社群認同，品嘗最可口的社會文化。台北市：行人出版。

10
麵食之美

在高空絲路上
來碗熱騰騰的杯麵！

徐端儀

(圖片來源：Jeff Li)

《舌尖上的中國》是非常有名的紀錄片，第二季曾介紹過「路菜」，簡單說就是路途中想吃的，跟台語「手路菜」是拿手菜的意思有出入，不過都隱含濃濃家鄉味。

跨洲跨洋的高空絲路上，搭機十分舟車勞頓，味覺又因為艙壓變得遲鈍，杯麵的香是萬人迷，一碗在手，滑滑的麵，熱熱的湯，鹹鹹的調味，感覺天上人間，不僅撫慰了長途飛行的鬱卒，它還是全球熱賣的暢銷速食。

話說那碗湯麵

喝湯吃麵從何而起不可考，就像美國家事女王瑪莎在TLC 頻道說炸雞是蘇格蘭移民帶入美國，後來加上非洲調味才變成今日的美式炸雞，不能說瑪莎她有錯，但也不能說完全對。畢竟當人類懂得用火烹調，喝湯吃雞絕對不是哪個民族哪個地方才有，有來有往的飲食文化是常態，不過偏愛湯麵組合的碗食，還是以東方人居多。

中式喝湯喜歡滾燙，而且餐後才喝，西式把湯當一道菜，出湯順序在中間，而且不能太燙口，甚至有夏季喝的冷湯 (多以蔬果入菜)。

據說英國首相邱吉爾是個夜貓子，半夜很喜歡喝湯當宵夜，雖然冬夜來碗熱湯是享受，不過以前貴族並不愛喝湯，因為那是窮人才吃的東西。傳統盛宴以燒烤為隆重，而且要高級的部位才油滋滋，這對貧民是遙不可及的夢，除了肉食來源短缺，燒烤還要有爐火，邊烤邊滴油很浪費食材，對貧民來說還是吃燉煮實在。

「Soup」一字原指用裝濃湯的麵包片，後來引申為湯的代名詞，在烤爐還不普及的時代，中古平民吃的大鍋濃

彼得‧阿爾岑〈壁爐
旁的農夫〉(*Peasants
by the Hearth*) (圖片來
源：WikiArt)

湯，那是他們的唯一主食，窮人喝湯少有肉，裡面可能只有
穀類洋蔥熬煮，濃湯 (pottage) 字源有 pot 就是因為需要大
鍋熬煮，後來才改吃燕麥或豆類燉煮的粥，所以濃湯與燕麥
粥很有關，以這幅 16 世紀尼德蘭畫家彼得‧阿爾岑 (Pieter
Aertsen) 繪畫來看，可以很清楚明白當時平民的餐點只有
湯和麵包，還有桌上一盤乳酪。

　　在馬鈴薯還沒傳入以前，農民少有機會吃白麵包，平常
吃的黑麵包很硬，需要先泡軟才能入口，有些農民因為需要
體力，有時也會把啤酒烹煮當早餐，喝啤酒湯是為營養補
充，把酒精當作液體麵包。

　　餐廳 (restaurant) 一詞原指恢復體力的蔬菜牛肉湯，後
來又指專賣精力湯的小館，可見當時的人認為喝湯對身體很
滋補，但是窮人平時哪有機會喝肉湯，湯底幾乎是什錦菜
雜燴，義大利喜歡用豆子主鹹湯，料多於湯所以要用吃的
(eating soup)，17 世紀卡拉契 (Annibale Carracci) 風俗畫
〈吃豆子的人〉(*The Beaneater*) 將小人物喝湯姿態描摹的很

生動，喝濃湯的習慣從此延續下來，最常見的料理方式是以洋蔥為底，因為加熱會使洋蔥焦糖化，湯底濃稠有甜味，所以許多濃湯第一步驟是從炒洋蔥開始。

　　從〈吃豆子的人〉這幅畫可見在「吃」湯（eating soup），通常以深盤盛濃湯，然後用湯匙慢慢舀著喝，或者也用單側或兩側有耳的湯杯，像喝咖啡一樣端著喝，重點是不發出聲音，這跟東方是「喝」湯（drinking soup）的習慣不同，通常直接以口就碗，而且偏愛燉湯煲湯等清湯，當然西方也不是沒有像 Consommé 這種清湯，只是這種經過多重過濾的功夫菜不是一般家常菜。

　　義大利麵幾乎是義大利國菜，最早是從西班牙傳入那不勒斯，pasta 一詞大約在文藝復興出現，不過與其說吃麵，其實當時吃包餡的義大利餃更多。麵條雖然不是義大利原創，不過他們發明許多扭曲狀的麵條，像貝殼、蝴蝶、通心

▶〈吃豆子的人〉(The Beaneater) (圖片來源：WikiArt)

粉等等，不過大多以乾拌居多，只有熱那亞一帶會吃湯麵 (Pasta in brodo)，原因與風土氣候有關，事實上湯麵才是麵條最古老的型態，乾麵是後來的變化。除了義大利乾麵喜歡加起司粉，還有賣一種半湯半稠罐裝義大利麵，口味是甜的，像蘋果、花生或紅糖醬等，熱量頗高，一般買給小孩食用，或大人吃了心情好的享樂食品。

以「麵粉」為主原料，「餅」是中國麵條的雛形，所以唐代有蒸餅、湯餅，後來結合手捍現切，大約南宋時發展出手工掛麵，之後湯麵一路東傳，韓國冷麵、日本烏龍、越泰河粉都是湯麵家族。

今日拉麵幾乎已產業化，強調獨家湯頭與連鎖拉麵雙向並行，從東方紅到西方幾乎成為一種文化逆襲，如今歐美街頭賣拉麵的愈來愈多，在美食廣場用筷子稀哩呼嚕吃拉麵的景象早不稀奇。無獨有偶，本店在巴黎的 Yen London 最近展店到倫敦泰晤士河附近，賣的是類日式料理，還特別設置蕎麥麵手作區，食客可以邊欣賞夜景邊看製麵過程，完全走

的是高檔路線。

一杯「合味道」，滿足無限大

　　值得一提的是，根據航線不同，也有免費提供蔬菜湯、洋蔥湯的航班。就算是不喝咖啡的大人或小孩，同樣能享受到最優質的禮遇……

　　上述是某航 2018 年台日開航的廣告，號稱精品時尚的日式款待除了深黑塗裝與機能配備，餐點也強調高品質，不但咖啡嚴選還增加湯品選擇，可見上機手握杯湯的確很享受。

　　村上春樹曾在《聽風的歌》提到泡麵濾水的步驟，日本不愧是泡麵原鄉，泡麵連販賣機都買的到。樂桃航空是全日空旗下的低成本航空 (Low-cost Carrier)，機上並不主動提供餐飲，乘客想在機內用膳必須上網預購，其中輕食類就有杯麵，包括海鮮合味道、日清 DON 兵衛，香草航空也有日

▶ 中國國際航空台式牛肉麵套餐 (圖片來源：Angela Wang)

清醬油與海鮮杯麵，可見在機上吃杯麵已成慣例。不曉得大家有沒有注意，不少航空機上杯麵都使用日清「合味道」，而且不只東方的航空公司，像德國漢莎、荷蘭皇家都有用，而且以雞汁口味和海鮮口味最受歡迎，合味道到底是怎麼與航空業連結的呢？

　　談起中國吃麵歷史起碼數千年，前身是麵餅麵片，「餅」在過去有麵粉與麵條之意，後來才變成細細長長的麵體，唐宋時期開始懂得添加鹼水，從此麵條變得彈牙。

　　「電影開場的三分鐘猶如拉麵課……從感受麵條的彈性、享用豬肉的順序、甚至細究先喝湯或吃麵等究極細節……」，2017 年高雄電影節放映了日本導演伊丹十三數位修復版《蒲公英》，這部片被盛讚是「拉麵道」與「拉麵禮讚」。拉麵對日本有多重要不在話下，但它卻是個外來品。

　　不過我們現在所說的濃稠湯麵，是 19 世紀才從中國傳入日本九州，當時十分受到勞動階級歡迎，所以至今日本拉麵一直偏鹹，日本中餐館常見的套餐大多拉麵搭配飯或麵搭配煎餃，強調飽足感。

　　不過，日本信奉的神道教喜歡純淨，因此傳統日本料理清淡，偏愛素食，肉是不潔象徵，尤其是紅肉，所以初期中上階級對湯麵態度很保留。

　　日本料理在江戶時期是全新的開始，肉食在戰爭時期因為與富國強兵連結，1872 年天皇批准了牛排，從此吃肉代表有體力，吃肉是文明，肉食概念大翻轉。不過拉麵真正開始進入家常，與戰時日本大量輸入美國麵粉有關，戰爭時期糧食缺乏，對多數日本人來說，麵粉做成烏龍麵比麵包經濟實惠，許多文學作品講到戰爭時期都會提到拉麵，戰爭時期拉麵以「恢復能量」為號召，因為通常日本拉麵濃鹹香，除

了熱量破表，還加很多蒜頭，是當時很受歡迎的料理。大導演小津安二郎在電影《茶泡飯之味》和《秋刀魚之味》都提到了拉麵有撫慰人心的療效。

日清創辦人是來自台灣的安藤百福，1958 年推出第一代雞汁湯麵，油炸麵體加人工調味，今天看起來很不健康，不過當時宣傳重點與恢復能量有關，強調拉麵的「神奇」與「體力增強」，今天這些廣告詞看起來很弔詭，化學的加工食品卻自稱很營養，不過這卻是千真萬確的事。戰後日本中產階級愈來愈多，不開伙與少油煙的新料理需求使速食麵更發揚光大，以致於後來還有拉麵博物館、拉麵達人的出現，可見拉麵由異國美食變成國民美食的背後，是各種社會作用力交織的結果。

最早速食麵是裝在塑膠袋內，這種銷售方式持續到今天。杯裝據說是創辦人有一次搭機從夏威夷返日，在班機上開了一罐夏威夷豆，發現蓋子可以蓋回去，引發了他的靈感，發明了保麗龍杯裝的杯麵。另一說是安藤百福看到美國人試吃麵用咖啡杯，為促銷杯麵到美國，決定從善如流。

麵體用油炸是為了脫水便於儲存，注水時彎曲的麵可以完全浸泡，保麗龍杯既是湯麵包裝也是食器，不過不是把油炸麵塞進去這麼簡單，麵體要剛剛好卡中間，才不會因為晃動成了碎麵，經過研發多次發現麵塊用塞的容易碎，直接用保麗龍杯罩住反而容易，後來甚至為了機上專用，料理包不另外膠裝，好處是加水即食，壞處是鹹淡無法調整。

拉麵本來有很多名字，支那湯麵、中華蕎麥麵之類，後來因為安藤百福把他賣的叫拉麵「ラーメン」，從此名稱統一。拉麵演化跟日本外來語一樣說不清，而且還在進行中。古代日本忌肉食，加上沒有發展產業化的畜牧，大部分人吃的是海鮮素，直到明治天皇解除禁令，肉汁湯麵才有機會開

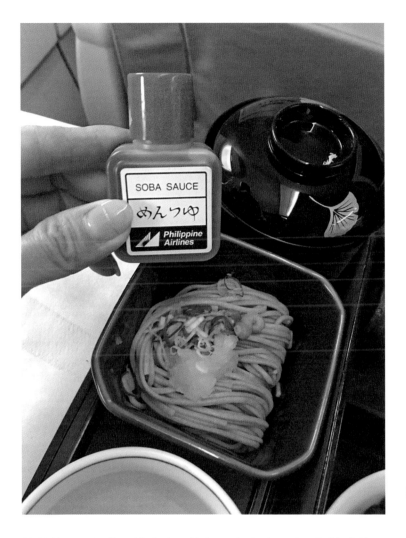

◀ 機上餐點不只熱湯麵，還有冷蕎麥麵 (圖片來源：倪惠兒)

枝散葉。最初傳入橫濱的叉燒麵是廣式的，雞骨加醬油的湯頭後來成為關東醬油口味，另一個分流去了北海道變成鹽味拉麵，往南就成了九州豬骨湯麵。

「拉麵 de SKY＋咖啡奶球＝豚骨風 de SKY！？」真假？還有和風醬油加奶球變成豚骨拉麵，加番茄汁又是義大利湯麵，最後海鮮湯底加花生醬變出中華擔擔麵。日本航空在官方臉書大玩杯麵變身遊戲，最後還變出一個關西鰹魚高

湯加章魚燒的明石燒口味，讓人大嘆有趣。此外，歐美航線另備有罐裝法式牛肉清湯及洋蔥清湯，跟超商同步販售，很會行銷。

1971 年首推杯裝「合味道」，因為免洗碗又方便，成功打開海外市場，這也是各大航空使用合味道的原因。它是個高知名度的國際品牌，拿來當機上食的接受程度高，如果用在地品牌，會有口味與品質的疑慮，因此許多航空延用這款杯麵到現在。不過「合味道」雖然口味不少，大部分還是在雞汁跟海鮮之間變化，畢竟從飲食文化史來看，日本對海鮮與白肉接受程度比較高，像五香牛肉這種算小眾，機上餐飲必須考量口味最大化。

不只泡麵，肉羹也要華麗翻轉

美國洛杉磯最近流行一款東西合璧的美食，是用墨西哥餅皮包著拌入甜醬的泡麵，加上香腸或是蔬菜一起食用，這道融合亞洲風味的料理大受歡迎。

泡麵料理顯然已打入國際，創意吃法層出不窮，無獨有偶，2017 年夏末台灣街頭最經典小吃──肉羹，也以歐美小酒館的方式，推出肉羹霸 Bahge Bar，希望像拉麵一樣華麗翻轉，搭配的套餐內容包括軟骨肉飯、肉卷和古早味紅茶，口味非常台。

……黃色 Logo 以中國山水畫為發想，透過筆畫、線條勾勒出細滑 Q 彈的麵條與羹湯意象，賦予肉羹霸 Bahge Bar 詼諧幽默的新氣息。

　　肉羹與拉麵共通之處在於同屬羹湯類，或許是如此，肉羹霸以日式居酒屋為概念，料理吧台及工作人員服裝與日式拉麵激同，這是台灣料理繼倫敦「BAO」賣刈包和鹹酥雞、台中號稱文青最愛「東泉炒麵刈包」、上海「桃園眷村」賣豆漿燒餅後又一創新。

　　這些新式餐飲都是以地方小食出發，餐飲空間卻完全跳脫既有，混搭又有特色，同時舉辦多種飲食體驗製造行銷話題，讓用餐成為風尚、成為美學。

參考文獻

1. 林惠敏、林思妤 (譯) (2013)。法式美食精隨：藍帶美食與米其林榮耀的源流。台北市：如果出版社。

2. 宮崎正勝 (2016)。餐桌上的世界史。台北市：遠足文化。

3. 李中文 (譯) (2011)。麵：全球麵文化現場報導。台北市：博雅書屋。(The Die Nudel: Eine Kulturgeschichte Mit Biss, Christoph Neidhart.2007)

4. 李昕彥 (譯) (2017)。拉麵：一麵入魂的國民料理發展史。台北市：八旗文化。(The Untold History of Ramen: How Political Crisis in Japan Spawned a Global Food Craze, George Solt.2014)

5. 張雅億 (譯) (2016)。料理世界史：一百道食譜看飲食的千年故事。台北市：麥浩斯。

6. 殷麗君 (譯) (2001)。味覺樂園：看香料、咖啡、煙草、酒如何創造人間的私密天堂。台北市：巨思文化。

7. 陳正杰 (譯) (2017)。拉麵的驚奇之旅。台北市：允晨文化。(Slurp!:a social and culinary history of ramen-japan's favorite noodle soup, Barak Kushner.2014)

8. 陳弘美 (2010)。餐桌禮儀/西餐篇。台北市：麥田出版。

9. 蔡錦宜 (2009)。西餐禮儀。台北市：國家出版社。

11

制服之美

誰是航空代言人？
追求時尚與功能的制服！

徐端儀

(圖片來源：Jeff Li)

江湖流傳要當某中東土豪航空的空姐，長相一定要出眾，也有學者提出姿本力 (beauty capital) 和美貌津貼 (beauty allowance) 這些說法，沒錯，賞心悅目的外貌不只愉悅別人，還是可以換來較多薪資的無形資本。

近幾年空姐啦啦隊出席燈會、忘年會，大跳熱舞的盛況時有所見，連「天降辣妹」這類官方影音檔都到處有。曾幾何時更浮誇的時代來臨，翻開機內雜誌看到「隨時分享，隨時直播」、「直播我們的生活，直播我們的點滴」、「直擊閨密私人趴」這些字句，頓時以為在翻水果週刊，機內雜誌頁出現這種標題還真新奇。

過去航空公司對內不斷灌輸空服有專業性，強調安全職能才是首要，對外又不斷放送美麗的空姐形象，如今你對空姐的印象又是什麼呢？

空服員是航空公司最受矚目的第一線員工，不管在服裝儀容還是話術語調，都有鉅細靡遺的要求，特別是亞洲籍航空空姐制服一向版型偏窄，要好看就要咬牙把自己塞進去，稱纖合度的身體就是展演。

▶ 機艙走道的 Show girl 是航空代言人 (圖片來源：Dmitry Birin / Shutterstock.com)

2015 年某航空新制服力求新氣象，輿論褒貶不一。

新制服發表會當日，設計師毫不諱言地說：「空服員制服要性感，要有遐想。」無獨有偶，另一家航空公司設計師在面對空服抱怨制服太貼身、裙長太短時，也直言：「女人，是一定要有腰的。」

這些公開場合發言其實有違航空公司強調的飛安，因為辣妹空姐穿的緊繃，要如何在危急時協助乘客逃生？而且要滿足乘客對性感小野貓的期待，對資深空姐不僅是美學負擔，還是一種為難，畢竟女人在不同年齡，要美得合乎情宜。

身為空姐，平日的你，有穿衣打扮的自由，穿制服的你，卻是被觀看的、走動的企業形象。

海南航空空服員制服巴黎走秀

航空公司透過外表篩選加上訓練規範，讓員工展現他們想要的空服形象。為迎合社會目光，光是口紅、指甲油顏色之類規定如牛毛，檯面下還有許多不成文的規定，例如亞洲女空服員以裙裝為主，而且通常合身，說實話危急時的確有礙逃生，因此有些歐美航空女性空服可以穿褲裝，可是就算安全方便，對亞洲航空公司來說，空姐穿裙裝有其象徵意義，就算有其他選擇，相信還是從眾居多。

2017 年海南航空第五代新制服登場，時尚風味十足，這套系列服裝歷時兩年打造，號稱是航空制服美的革命，不過在視覺驚艷的同時，雜音也浮上檯面，網民七嘴八舌：「機上不是走秀，新制服在上工時不實用」。針對這些疑慮，負責新制服設計的勞倫斯許 (Laurence Xu) 曾在機內雜誌做出回應，他說：「時尚與實用，一個都不能少」。

▲空服是走動的企業形象 (圖片來源：Dmitry Birin / Shutterstock. com)

　　勞倫斯許認為如果不考慮美觀，只求工作方便，設計制服是很容易的事，但是為了兼具時尚與實用，他在設計上做了很多革新，例如傳統旗袍既連身又平裁，雙臂活動幅度有限，所以引入西式鬱金香剪裁，腋下開叉加上五分袖的變通，空姐雙手就可輕鬆舉過頭頂，同時也讓不同身形駕馭有餘，下擺的部分也做了調整，禮服裙和圍裙質料都有彈性，彎腰蹲下都可以，甚至「在飛機上跑步都沒有問題」。

　　面料更是足足花了半年才研發出混合絲棉的人造纖維，這種衣料不但質地輕盈，還因為多加一層高科技塗料，可以防水、防汙、防靜電，這樣餐飲服務時如果弄髒制服，只要濕紙巾輕輕一拭，汙漬就沒了，不但不影響美觀，平時也不用費心保養，水洗即可，同時免熨不生皺。

　　大衣因為不會出現在客艙，主要在機外走動時才穿，看

的人變多，所以更加需要時尚，不過也有考量內搭服裝比較單薄，只有裙裝和絲襪，所以大衣另外還有斗篷搭配。斗篷雖然看起來厚重，其實它是羊絨混紡的單品，穿起來神氣不厚重，相信到哪都讓人眼睛一亮。

還有一項很特別的頭飾設計，靈感來自古代女子髮簪(步搖)，不過放棄了冰冷的傳統金屬，以樹脂材質替代，整體搭配走向優雅莊重，體現尊貴待客之道。

至於男性空服的部分，最初的設計是類軍裝，衣服上有很多肩章與點綴，不過經過反覆溝通，最初的華美逐漸簡化，以中山裝定調，內搭襯衫背心，改走威武陽剛風，勞倫斯許笑說「盡量弱化男空服的視覺效果，讓他們做綠葉就行了」。

擺盪在安全與時尚之間

從 16 世紀大航海開始，海運一直是全球航運主流，直到萊特兄弟發明飛行器，雖然不過幾百年，進展卻突飛猛進，民航成了大部分人往來洲際的選擇。

民航迅速發展與兩次世界大戰有關，許多國營航空前身都是軍事機構，制服的用途也是。

戰爭需要明顯識別，制服是對身體進行塑造與編碼，集合不同個體變成集體象徵，所以軍隊制服被要求整齊劃一，不能有絲毫個人主觀。空中服務員的制服也擁有這樣的特質，包括企業識別與徽章等等，都代表了某種權威，你必須服從穿制服的人所給予的指示，特別是攸關安全的規定，但與軍用制服不同的是，空中服務還有軟性的訴求，需要為顧客帶來舒適愉悅的心情，因此時尚就成為必要條件。

據載艾倫‧丘奇 (Ellen Church) 是史上首位空姐，當她

▶ 民航迅速發展與兩次世界大戰有關
(圖片來源：Arseniy Shemyakin Photo / Shutterstock.com)

1930 年投身美國聯合航空時，身上穿的是自己設計的套裝與綠斗篷，因為當時除了軍隊以外，幾乎沒有什麼女性工作可以周遊列國，因此艾倫一登場便引起矚目，空姐也化身為 60 年代航空廣告的重要意象。

　　航空制服的演變有許多因素，有時需要與時俱進，有時卻不，例如同樣是航空從業人員，飛行員的變化就很少，不分男女，大多只是深色套裝與襯衫交替，談不上有設計，更遑論美感，但這就是飛行員身分所需要的，多一些嚴肅呆版，讓乘客感覺有距離，反而有助於嚴謹專業的意象。空服則不然，客艙服務需要溫柔可親，就像當初艾倫因為護理背景中選，「照顧者」的形象讓空服這個職業在一般人心目中有刻版印象，許多亞洲航空公司甚至只有空姐沒空少，更加重空服陰性化的整體形象。

　　空姐在機上要像女主人、鄰家姊姊一般可人，加上 20 世紀消費文化的強勢滲透，航空公司往來國與國，訊息交流無遠弗屆，面臨商業競爭也很大，空姐是重要行銷利器，她

是阿娜多姿的廣告女郎，也是機艙走道的 Show girl，有魅力的形象除了姿勢體態，當然還需要制服助陣。雖然制服是從軍事用途演變而來，但是為了增進魅力指數，時尚的重要性愈來愈大。

時尚是 20 世紀新名詞，語意相當模糊，不過時尚給人短暫流行的概念，與制服的穩定是相悖的。

時尚會逐漸成為航空制服的討論話題，當然與消費社會的強連結有關。雖然航空公司強調飛安重於一切，有時制服設計卻明顯不是，過於緊身的設計連客艙服務都難彎身，美則美矣，卻不利伸展，更遑論飛安。

航空制服設計的考量很多，包括企業歷史的傳承，穿制服的人就必須一一服從，而且不只制服本身，除了髮妝等外觀細節，包括藏在制服裡面的身體與姿勢，無論胖瘦或儀態都受控管，因為無論是機內服務、機場行徑，甚至搭車去飯店，都是別人關注的焦點，穿制服的人當然也清楚，有時也會小不自在，因為一直走台步很累人，但這不也是自己想要的嗎？

◀ 航空制服的時尚重
要性愈來愈大（圖片
來源：Dmitry Birin /
Shutterstock.com）

　　穿制服的時候很少落單，永遠要成群列隊，畢竟代表了企業形象，有時你也想要有點小自我，在外套上別個胸針，行李箱別個幸運符之類，都還是得小心翼翼怕被念，制服雖有時尚成分，對個人審美卻少容許。

　　制服給了很多限制，也給了 power，讓穿的人有魅力有力量，來自一套對特定角色進行規範的文法，當然脫下制服那一刻，一切也都還原。

　　神奇的力量來自制服本身，與主事設計者有關，卻和實際穿的人無關。制服還代表了科層階級，些微的不同不是職級高下這麼簡單，還有專業分工的範疇，所以符號與細節必須明確，以文化研究而言，制服以特定方式讓人體在文化上可見，作為與之溝通的工具。

　　總之，於公於私制服都有文化的軌跡，而航空制服又多加一個擺盪在安全與時尚的話題。

Part 3

享受旅途中
的美好

(圖片來源：Jeff Li)

12
食之美

不只餐飲要美、
整體環境氛圍、
人員服務也不能不美啊！

許軒

餐飲之美的探討很多元，什麼樣的飲食才是美？如何感受到飲食的美？如何予以歸類？如何創作出美的飲食？如何透過周遭的工具與環境，一起營造出美好的用餐過程？美食人人愛，餐飲過程中用餐者的五感——視、聽、嗅、味、觸全都綻放，餐廳中感官會接觸到的任何餐食飲料、環境氛圍、設計元素及各式各樣的人員等，都有可能成為餐飲體驗中的重要記憶點。

擁有動人故事的菜名、符合黃金比例的果雕、遵循美的形式原則呈現的盤飾、色香味俱全的餐食、華麗與高檔的餐廳氛圍、高雅悅耳的音樂、輕柔溫暖的點菜說菜聲、如同舞蹈般流暢地送菜動作等，這一幕幕都有可能被你深深地記憶在腦海，你說不美可以嗎？

食、衣、住、行、育、樂中，以食為首，無論做任何事情，飲食總是人類最基本的需求。不過，飲食除了滿足人類所需的營養熱量來源外，也乘載著多元文化與美學等滿足人類心靈層面的功能。不然，為何大家現在都「相機先吃」呢？拍攝餐食並發布在社交媒體上，不就是滿足心理的需求嗎？可能是向他人炫耀、可能是人生旅程的紀錄留念、可能是與朋友分享等目的，不過這些都不再只是單單牽扯基礎的生理需求。

不過，食之美不只是餐飲的外型、氣味與口味等讓顧客感受到愉悅感，用餐空間整體的設計與氛圍，以及服務的主廚、工作人員、甚至是周遭的其他顧客，也是影響整體食之美體驗的重要因素。

首先談到餐飲的部分，當今這種「相機先吃」的流行趨勢中，除了呼應整體攝影技術與科技的進步外，其實仍是回應到華人傳統提到飲食之美的「色香味俱全」中，以色為先的概念。畢竟，食用前確實是視覺先接觸到物體，將資訊傳

遞到大腦，給予一種初次見面的印象與反應。例如，過往曾進行過擺盤相關的研究，顧客偏愛食材置中的擺放方式，大過於其他靠左、靠右、靠上、靠下等擺法。這結果就呼應了過往視覺美學偏好研究中指出，人們對於「物件置中」的情況擁有較高偏好。當物件移離中心點時，喜好度便同步下降。可見，餐飲與美學概念間的連結性。

　　另外，擺放整潔 (neat) 的盤飾會讓顧客有高品質或更好吃等的正面期待，同時也會願意花費更多的金錢來品嘗。再者，菜餚形狀的雕琢、配色的考量、器皿選用、燈光等等都對顧客的視覺接收、美感經驗、審美判斷，以及評估是否能 po 上 Facebook 或 Instagram，以受到大家注意等多元

▲荷蘭阿姆斯特丹米其林一星餐廳 Sinne。小小一間餐廳中，擠滿了客人，受歡迎的原因除了美味的餐點，更因為這間現代風點綴部分古典元素的餐廳與藝術家 dryPaint72 合作，掛上藝術家帶有點童趣、用色豐富大膽的作品與部分服務用具 (例如帳單盒)，讓整題餐廳的氛圍活潑起來。(藝術家網站：http://www.drypaint72.nl/)

層次環節的影響。

　　接續，餐飲的氣味部分，對於顧客的影響可大了。有時進去一間餐廳，美不美味、道不道地，聞聞味道就知道了，像是進入四川麻辣鍋餐廳，是否有花椒香氣撲鼻而來，那可是判斷重點元素之一呢。餐飲的香氣讓人愉悅與否，也足以影響到後續個人的食慾，例如筆者曾前往法國官方辦理的「味覺・法國 (Good France)」所評選，保有美味傳統法式餐廳排行榜中的某一間用餐。用餐期間聞了一口知名料理「內臟腸 (Andouillettes)」的氣味，就讓我失去後續佳餚美味的興趣與胃口。當然，這純屬文化與個人的喜好問題，就如同臭豆腐的氣味對於某些人或是他文化的人是難以忍受一樣。不過，這也就證明，氣味讓個人感受的愉悅與否，對於人類食慾的影響極為重要。因此，就像華人飲食強調色香味俱全的觀念，也常會運用「香」的因素來吸引顧客，例如鹽酥雞飄散出的香氣，讓人聞到就嘴饞。

　　味道當然是餐廳料理最重要的環節，基本上餐廳餐飲好吃應該是基本要求。不過，好吃雖然受到個人喜好左右，但是味蕾的敏銳度與品味，仍是需要透過不斷累積經驗與挑戰，方能證明自己有評判的資格。再加上，當今眾多飲食探討所謂道地與否的概念，雖然對特定文化飲食熟悉的顧客，

▼Sinne 創意料理的呈現以及器皿搭配選用，再加上侍酒師精心搭配適合每道餐之餐酒，整體飲食體驗是協調中卻不無聊，簡單中又多了幾分趣味，讓人帶有愉悅的情緒，並留下了美好的回憶。

▲荷蘭馬斯垂特米其林畢比登餐廳（(Bib Gourmand) UMAMI by Han，提供當代亞洲創意料理。身為亞洲人在歐洲品嚐亞洲元素的味道與食材，雖然有些奇怪，但是 UMAMI 融合創意的呈現，實在讓人驚喜。整體內裝風格也使用紫色調的神祕與創意感去營造氛圍，讓作者在過程中，不斷期待下一道料理的驚喜。

會對熟悉的味道感到愉悅。但是，並非該文化飲食都適合於餐廳開設地方的居民，或是外來旅客。

因為這牽扯到味覺原則 (flavor principle) 的問題，多數人對於飲食都會有所慣性，熟悉的味道比較能讓味蕾進行審美判斷，感到愉悅。所以，這也是為何從事商業行為的餐廳多半會迎合營業當地人的口味來調整料理味道，以獲得廣泛消費者味覺上的愉悅感，進而獲得喜愛。不過，講到味覺上的感受，雖然習慣的味道對於個人來說，容易獲得味覺的愉悅，但是體驗不同的味蕾刺激，也會帶來如產生新的記憶、他文化獨特體驗、復古感、心情轉換等不同的效果。

所以，如前所述，多方累積自己味蕾的經驗與能力，等同是自身有了更豐富的美食資料庫般，對於新接觸的味道可以有更細緻準確的比較與判斷，而不僅僅只是好吃、不好吃。兩種鑑賞的標準與陳述而已。

另外，味道的討論除了餐食外，不能忘記餐飲兩字中有餐也有飲，飲料的搭配與順序，也是味蕾是否能獲得愉悅感

▶ 荷 蘭 鹿 特 丹 的 Markthal 拱廊市集。如此一個規劃完善的飲食空間，除了讓你可以在這裡採買外，也有很多小餐廳，供你享受美食。

受的重要考量。最常見的餐酒搭配就是紅白葡萄酒，「紅酒搭紅肉、白酒搭白肉」，是最常見的搭配手法。不過，不要忘記剛剛是用視覺的角度進行搭配，但主要食物味道的感受仰賴的是身體味覺的功能，所以重點還是餐與飲之間味道的協調與互補等美的形式原則關係，如此一來才能在整個餐飲體驗過程中獲得愉悅的感受。

　　至於餐廳的環境設計氛圍，從美食與美景聚集位於荷蘭鹿特丹的 Markthal 拱廊市集就可以知道。其實 Markthal 是一種市場的形式，裡頭涵蓋可即時食用與可攜帶回家食用的多元料理。不過，有別於傳統市場都是食物攤販、油煙、食物殘渣，或臭水溝味道等印象，Markthal 色彩鮮豔具有設計感的屋頂，搭配依照各式風格特色打造的食物攤位，乾淨、整潔且只有食物香味，讓人覺得在市場飲食也是一種享受，而且讓人會想停留，吃遍所有美食。

　　連市場的設計都考量到用餐環境氛圍，因此可見其重要性。當然，更高檔次的用餐地點，例如米其林餐廳，其環境就更不用說了，充分結合餐飲主題的進行企業視覺系統、建築外觀、色彩、建材、室內設計、布局、家具、質材、藝術品、花草裝飾、燈光、音樂、氣味等美的元素之設計，提供了顧客最完整的體驗。

　　再者，餐廳菜單美學可是不能缺乏的。菜單是一間餐廳重要的行銷工具，也是重要的商品清單。餐廳的菜單提供顧客即將要體驗之餐飲氛圍的預告，同時也是餐廳的品牌形

◀通常市集市場都給人一種「有味道」的感受，讓你食不下嚥。但是 Markthal 這裡的環境不但讓你味蕾獲得滿足，還不會被市場臭氣薰到頭暈，再加上整體市場本身以及各家攤販具有特色與設計感的視覺感受，只會讓你在這裡流連忘返，飽餐一頓。

象、個性特徵的展現，進而影響顧客感受到的形象與知覺到的品質。

　　過去一項在美國進行的研究指出，菜單內文使用斜體字並且增加菜單本身的重量，能讓顧客感受到餐廳的高級感。這結果也反映出過往研究曾指出，商品使用簡單且容易閱讀 (easy to read) 的字型會與「便宜」及「符合經濟效益」等特性相連結；斜體、手寫 (scripted)、華麗 (ornate) 的字型則會與「奢華」及「高檔」等特性進行連結。

　　因此，正確的運用字型能夠傳遞正向的影響，反之則會傳遞負面的影響，甚至還會影響到品牌概念中的視覺權益 (visual equity)。可見餐廳菜單字型的運用，也是需要謹慎挑選的。另外，菜單紙張顏色與紙質的選用，也是非常重要的考量。不同顏色的紙張會造成文字圖片運用時配色上的不同，不同紙質的觸感與紙張的磅數也會傳遞出不同的餐廳質感與等級的差異。因此，任何一項能透過感官接觸到的細節，都會造成顧客感受上的差異，不可疏忽。

　　至於，餐廳環境中人員美的相關議題雖說有點敏感，但確實也是整體餐飲體驗中必不可少的部分。餐廳環境中最頻繁出現的就是廚師、服務人員、以及其他顧客等，這些人員的外型特徵、內在談吐、態度、行為等是否符合整體餐廳的形象，也是每一位顧客會透過五感接收到的資訊。

　　例如過往研究討論餐廳員工為傳遞給顧客愉悅感受，所付出的美學勞務，包括三方面：美學特質 (Aesthetic trait)：員工擁有吸引人的外表、員工符合公司形象及員工具備優雅的談吐風格；美學要求 (Aesthetic requirement)：規定員工髮型、員工制服、員工需接受儀態訓練、員工需上妝、員工需接受聲音語調訓練；服務接觸 (Service encounter)：員工總帶著溫暖的笑容、員工使用和藹親切的語氣服務客人、

員工使用適當的用字遣詞與顧客對話、員工外貌符合餐飲產業的專業形象等。

　　另外，也有針對員工的口音腔調與溝通 (accent and communication)、個人穿戴打扮 (personal grooming)、個人的風格或形象 (style or image) 等進行一定的要求，以傳遞愉悅的感受給與顧客。另外，一項針對法國餐廳的服務人員美學研究，甚至細緻到探討女服務生口紅顏色與顧客給小費之間的關係。過程中，女服務生以擦上三種不同唇膏顏色，包括紅、粉、棕及不上口紅等四種情況進行實驗。結果顯示，當女服務生擦上紅色口紅時，男性顧客比較願意給予小費，且金額較高。

　　其實過往色彩心理學的研究就曾指出，紅色可以增加感受雌性荷爾蒙的程度 (estrogen levels)、性吸引力及代表健康的性感；這份研究甚至更明確指出女性穿著紅色衣服，會提升對男性的吸引力，或是可以藉紅色唇膏提升外貌的女性

特徵及吸引力等概念。不過，雖然透過上方實證研究的結果可知紅色唇膏的威力，但是餐廳業者使用前仍須思考一下自己的餐廳定位與策略。

當餐廳主打男性顧客市場時，上述做法或許可增進男性顧客的掏錢行為；但若是針對一般大眾市場，包含男、女、老、幼的餐廳，紅色口紅所帶給不同族群的感受是否相同，或是服務生紅唇色與餐飲環境是否相符等，仍需要再進一步實驗證明。另外，因為此研究於法國進行，若換到東方華人場域，不同人種膚色下，擦拭紅色口紅是提升女性特質、增加吸引力的色系，還是讓人感受侵略性或帶來不同感受呢？

探討到美學時，總是會牽扯多元的因素，彼此牽動影響。畢竟，社會科學著重人的探討，就是非常繁複且多元的，很難一概而論，但是只要願意嘗試，透過考量美的影響力，對於餐廳主人來說，都是有正向的回饋效益。

除了服務人員外，許多餐廳中的主廚或廚師也會與顧客有所接觸。例如，鐵板燒廚師基本上都是面對著顧客進行烹調，所以在鐵板燒餐廳的美學概念中，廚師成為一個重要影響顧客感官感受的因素。廚師帶給顧客的印象、與其他顧客的互動等，都對於顧客整體餐飲體驗價值有影響。所以，廚師必須具備美感、良好的互動與溝通技巧、說不同的語言、說菜等多元美學能力。

不過，同時在餐廳環境中的人，不只是餐廳的廚師與員工，其他顧客也是感官刺激的重要來源。尤其某些特定的餐廳，若是顧客期望或感知到的餐廳形象與風格不同，也會產生完整體驗的干擾及不愉悅感。因此其他顧客是否優雅、擁有良好規矩與禮貌、互動起來讓人感到愉悅與舒服等，都是顧客消費過程中透過五感互動後，決定其是否愉悅的重要因素。

　　除了上述提到的餐飲該注意到的美學因素外，文化對於個體感受飲食的美感，也有非常大的影響。筆者很喜歡高雄餐旅大學蔡倩玟副教授於其著作《美食考——歐洲飲食文化地圖》中的一段話：「若是缺乏了對歷史的了解，瑪德蓮蛋糕嘗起來恐怕與普遍的雞蛋糕沒什麼差別」。「○○嘗起來恐怕與台灣的○○沒什麼差別」這句話，是不是有點耳熟？是不是在品嘗其他文化料理時，常常會聽到？雖然雞蛋糕也很好吃，但若僅只使用人的五感進行審美判斷，人往往會以過往經驗出來對比，僅透過相似可用以形容的具體事物給予

▲ 荷蘭阿姆斯特丹米其林二星餐廳 Aan de Poe。最完美的體驗不只有顧及室內設計，同時也要在意室外景觀。Aan de Poel 室外的湖泊美景，讓人用餐時，視覺的享受也幫助了情緒的釋放。

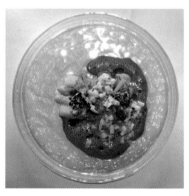

▲Aan de Poel 這家餐廳在器皿上的選用，也是餐飲體驗中不得少的重要內容。如同貝殼般閃耀的器皿，盛裝著海鮮的食材，眼睛所見到的與味蕾所感受到的是協調與一致的；甜點表層使用了光滑與粗糙感的元素，搭配著粗糙面的器皿裝盛，也是再協調不過的一種做法了。協調、適當對比的餐點擺盤形式原則，果然時常被使用於餐食美學中。

描述，則失去了飲食更多深厚的意義。

其實畢竟全世界上多少地方的風土相似、物種相似、烹調手法相似，因此長得雷同的東西不在少數。但是，重點是每一件餐食飲品背後所乘載的文化歷史等意涵，帶來有別於其他食物不同的識別與定位。因此，若是有心將餐飲視為不只是滿足生理需求之物的話，外出旅遊最好先對當地文化歷史背景知識進行了解，設定好要蒐集的飲食符號，這樣在蒐集的過程中，除了可以透過五感感受其味覺外，同時也可納入其背後心理層次，使得旅程中的餐飲體驗，不只是吃飽、吃營養、吃熱量而已，而是增加整趟旅程體驗的厚度，同時帶回更完整美好的回憶。

另外，各國飲食也有其特色的美感以及背後的意義，例如韓食特別強調的五行五色；日本的春夏秋冬不同食材料理以及不同風格美的呈現；比利時知名美食淡菜 (mussels)，與首都布魯塞爾 (Brussels) 的尾音相同，所以結合成「Mussels in Brussels」如此一句話，讓人到了比利時忘了吃淡菜也難。

最後，飲食與藝術的結合，也是促使享用餐飲過程中更深層、更享受的來源之一。例如希臘小說家尼可斯‧卡山札基 (Nikos Kazantzakis, 1883-1957) 寫的《希臘左巴》(*Zorba the Greek*) 一書，看過或喜愛這本文學著作的人，或許在看到同名的餐廳時，也會對其抱有對該文學認知到的意象之期待，進而透

比利時的特色淡菜與
著條。人家說食物要吃
得道地，所以來到布魯
塞爾，怎麼可能不吃產
地的特色飲食呢？而且
在此吃的當地特產，味
道之好，真的是讓人永
難忘懷。淡菜應該會是
吸引筆者再度前往比利
時的重要因素之一吧！

過五感體驗與確認，比較實際與期待之間。如此一來，吃的
不只是餐食物質，而多了抽象的精神層面的印象與概念。

　　比如說，起源於美國紐奧良的爵士樂 (Jazz)，融合餐飲
形式而成的 bar 或是餐廳，若是在裡頭享用美式料理時聽
著爵士樂，何嘗不是一種很美式的享受。法國野餐風格是過
往眾多畫家喜愛繪畫的主題之一，而模仿學習畫中的人物，
帶著烤雞、麵包、香腸、法式肉派、葡萄酒、葡萄、桃子，

▶荷蘭特色小吃鯡魚。醃製過的生鯡魚單配洋蔥與酸黃瓜是荷蘭重要小吃之一，雖然沒有精美的盤飾，但是這樣鮮美又有特色的小吃，也是滿足味蕾的新奇感。

以及瓷器、餐具、酒杯等，到法國的小森林進行野餐，不也是一種讓人感受身心靈皆能愉悦的飲食活動嗎？

另外，除了藝術化的食物，精品化的食物也是飲食往上提升的重要方式。例如比利時的巧克力國際知名，而每一間比利時巧克力店鋪都非常用心「經營」著自己的巧克力產品，從他們的味道、造型、顏色、包裝、擺設、故事的融入等等，都讓每顆巧克力擁有自己獨特的個性，每一間巧克力店也都帶有獨自的風格。這樣的飲食精品化的營造，何嘗不也是一種創造旅客難忘回憶，以及對於旅遊目的地品牌形象認定的好方式呢？

若要體驗餐飲中的美，你不得不放下腳步，慢慢品味餐食中每一件食材感受進入口中後的化學變化。除了味覺的感受外，口腔內部對於材質的觸感，也是值得你去細嚼慢嚥，好好品嘗。這一點一滴的味覺、觸覺與嗅覺，會帶來對於該文化與國家深刻的記憶。

諾貝爾獎得主理查・艾克謝爾(Richard Axel) 及琳達・巴克 (Linda A. Buck) 發現嗅覺可以識別與記憶一萬種味

◀精品巧克力。在比利時的巧克力店中，巧克力儼然成為精品或鑽石寶石一般的販售模式。讓食物予以藝術化、時尚化、精品化，是提升食物價值的重要過程。誰說食物不能吃得時尚？食物過往也是一種定義不同身分定位的方式。食物藝術化或精品化除了仰賴色香味外，整體的外型設計、包裝、擺設及賦予其意義等，都變成非常重要的方式。

道。有時候你到一個地方，或許已經看不到、聽不到、摸不到任何曾經的人事物，但是那個味道，卻依然存在，它就可以勾起你的記憶點。就像是馬塞爾‧普魯斯特 (Marcel Proust) 在著名的《追憶逝水年華》一書中，馬德蓮蛋糕泡進熱茶時所散發的香氣，以及吃入嘴後的味道，促使普魯斯特回憶起他在法國貢布雷 (Combray) 所度過的童年往事。

▶莫內 (Claude Monet)，〈草地上的午餐〉(Lunch on the Grass)。從過往藝術中尋求當時人們用餐內容與方式的痕跡，也是讓自己與過往連結，並且學習良好用餐方式與禮儀的捷徑。(圖片來源：WikiArt)

所以，飲食帶給人們的嗅覺與味覺記憶及回憶，並不僅僅是短暫的生理滿足感，更是人生重要的一片回憶。

參考資料

1. 蔡倩玟 (2010)。美食考：歐洲飲食文化地圖。台北市：貓頭鷹出版。

2. Chen, A., Peng, N., Hung, K.-p. (2016). Examining guest chefs' influences on luxury restaurants' images. International Journal of Hospitality Management, 53, pp. 129-132.

3. Magnini, V. P., Thelen, S. T. (2008). The influence of music on

perceptions of brand personality, décor, and service quality: The case of classical music in a fine-dining restaurant. Journal of Hospitality & Leisure Marketing, 16(3), pp. 286-300。

4. Nickson, D., Warhurst, C., Cullen, A. M., Watt, A. (2003). Bringing in the excluded? Aesthetic labour, skills and training in the'new'economy. Journal of Education and Work, 16(2), pp. 185-203.

5. Proust, M. (2006). Remembrance of things past. Wordsworth Editions.

6. Rozin, E., Rozin, P. (1981). Culinary themes and variations. Natural History, 90(2), pp. 6-14.

7. Velasco, C., Michel, C., Woods, A. T., Spence, C. (2016). On the importance of balance to aesthetic plating. International Journal of Gastronomy and Food Science, 5, pp. 10-16.

8. UMAMI by Han (2018) http://umami-restaurant.com/

9. dryPaint72 (2018) http://www.drypaint72.nl/

13
衣之美

旅行最佳裝扮與
融入當地的穿著

許軒

(圖片來源：Jeff Li)

什麼是旅行時最美最適當的裝扮？你的樣貌適合什麼樣的衣著裝扮？不同國家不同風情，如何讓自己融入當地，而不被一眼識破為觀光客？用心思考過的打扮是你最佳偽裝術。另外，想要玩得更道地？想要體驗當地文化之美？何不來個變裝呢？旅遊時加一點當地特色的元素與圖騰，將會帶領你更融入當地，為你的旅程加分！

　　衣之美這章節，除了探討衣著外，身形、妝容、髮型與配件等，也都是一個人整體呈現自我定位，以及創造他人對你形象時的重要考量。身體身形與穿著打扮的呈現無論在何時何地，都是一種彰顯自我個性特色與識別的最佳方式。

　　身體的差異，隨著地理位置飲食的不同而有所差異。不同的身體身形、膚色等基本特徵，對於衣著打扮是否符合美感的呈現，都會有所影響。穿衣哲學會影響別人看待你的印象，不過不要忘了，只要人一踏出國，每一個人都是自己國家的宣傳大使。你怎麼樣透過穿著呈現自己，決定他人怎樣看待你，甚至延伸拓展至對於整個出發國的印象。

　　自古自今，大家總是在追求最完美的身形，通常在討論身形美時，最常見遵循希臘時期，運用數字的美的計算，例如黃金分割或黃金比例，也就是常見的 1:1.618。

　　法國巴黎羅浮宮 (Musée du Louvre) 三大館藏之一的〈米洛的維納斯〉雕像，其完美符合黃金分割比例之身形，成為全世界女性人體美的典範。計算方式就是以人體的肚臍眼為中心，分為上半部與下半部，下半部高度與全身高度之比例約為 1:1.618，即是黃金分割比例。

　　由上述比例尺可知，為何女性喜愛穿高跟鞋，除了可以增長身高外，同時也可以拉長下半部高度，使得整體身形接近黃金分割比例。雖然高跟鞋可以透過整體下半部的拉高，以產生靠近黃金比例的效果，但是旅遊或工作時，總不能一

◀ 亞 歷 山 德 羅 斯 (Alexandros of Antioch) 的〈米洛的維納斯〉(Vénus de Milo)，黃金分割的比例，成為身形之美最佳理想值。

直只以外型美觀為基礎，功能也必須強調。但是如何兼顧呢？畢竟顏色對於視覺來說，是最明顯美的元素，因此透過顏色來創造視覺上的延伸效果，例如同色系的褲子與鞋子或是穿靠近膚色的裸色鞋，都有辦法讓你的下半部高度延長一

些喔！

　　另外，李奧納多‧達文西 (Leonardo da Vinci) 依照古
羅馬建築師維特魯威 (Vitruvius) 的比例學說，以男性為客
體，研究與繪製出符合平衡對稱原則與完美人體比例之墨水
筆手稿──人體比例 (維特魯威人) [The proportions of the
human figure (The Vitruvian Man)]。仔細去量測維特魯威
人的身形比例，可以畫出眾多符合比例之幾何圖形，由此可
知其完美比例之男性身形。

　　不過，談到休假旅遊時於海灘所展現的身材，也是一種
需要注意的「衣著打扮」。到底怎麼樣符合海灘上美的身

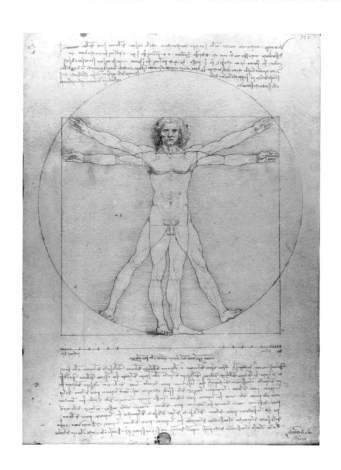

▶人體比例 (維特魯威
人) [The proportions of
the human figure (The
Vitruvian Man)]，李奧
納多達文西 (Leonardo
da Vinci) (1492)，展
現出男性標準的身體
比例。(圖片來源：
Wikipedia)

形呢？過往研究指出，人們通常會按照雜誌上的模特兒身材作為雕塑自己身材的目標。畢竟雜誌上的多半會邀請模特兒或名人作為意向呈現的主角，崇拜心態加上理想美的身形概念的植入，讀者心中自然而然塑造出一種追求的目標。不過，隨著時代進步，除了雜誌外，社交軟體也成為大眾鎖定的焦點。跟隨著喜歡的網紅們去塑造自己身體身形，也是一種雕塑體型的最佳方式。

其實旅行時最棒的穿搭方式就是看當地人怎麼穿，你就怎麼穿。除了可以融入當地之外，也不會被一眼就發現是觀光客，而顯得格格不入，且被人以觀光客的方式「對待」。

以融入當地穿著文化為例：從大眾媒體上接觸到的世界時尚中心——法國巴黎，多半都是一些伸展台上極具耀眼的穿著風格與形式。不過，假設你做了如此的穿著準備前往巴黎，你可能會成為眾人的「焦點」。巴黎人們平時生活穿著打扮，多半都以素色或暗色系為主，所以當你粉墨登場時，巴黎街頭的確會成為你的時尚伸展臺，獲得眾人的目光。

以氣候為例：冬天的美國佛羅里達州奧蘭多 (Orlando, Florida)，是眾多旅客聚集的地方，依然炎熱的氣候，讓眾多前往遊樂園旅遊的民眾還是以短袖、短褲打扮。冬天呈現出短袖、短褲的裝扮，固然奇怪，但是順著著多數人的穿著方式，可以讓你在人群中呈現出「協調」的美感，也不會讓人看著你就覺得好熱。

▲12 月的美國佛羅里達州奧蘭多迪士尼樂園，遊客多半穿著短袖、輕薄的衣服。

▲12 月的日本東京迪士尼樂園，遊客與同月份的奧蘭多迪士尼樂園有著極端的差異，遊客多半穿著厚重保暖的外套圍巾，以便防寒。

▶ 米其林二星餐廳 Aan de Poel 午餐時間，客人的半正式服裝 (Semiformal suit)，是一種無需打領帶的正裝穿法。

　　不過，也有許多民族，是有自我禮儀上堅持的，例如齊藤百合子 (Yuriko Saito) 教授在她出版的《日常生活美學》(*Everyday aesthetics*) 就提到，炎熱的秋天氣候，西方國家的人民會依照氣溫著短袖短褲，但是日本人多半依照季節選擇穿著，因為他們穿衣哲學傾向於季節搭配，而非溫度。

　　簡單來說，展現自我與融入當地都是可以選擇的方向，但是如何在展現自我中又能拿捏得宜，不顯衝突；如何在融入當地時，又能適當使用得宜，不顯得過分，遵循衣著禮儀是最相對不會犯錯的方式。(基本上來說，衣著禮儀除了衣服外，打扮、髮型、鞋子、配件、儀態等，都是禮儀規範的範圍。) 不過，記得部分場合絕對需要正式服裝，除了整體美觀考量外，還牽扯到對其他與會人的尊重，例如：郵輪上的船長之夜、高級餐廳、星級飯店等。

　　不過，旅遊平日到底要如何從衣著打扮融入他人？這部分可能比較無法隨機應變。不過到底要怎麼知道別人怎麼穿呢？電影是個很棒的學習管道。電影是一種展現當地人文風情最親民的藝術表現方式，透過在各國各地各文化拍攝的電

影中，觀察主角、配角與街景路人等穿法，絕對
會讓你準備出更適合當地的穿搭行囊。

　　隨著科技時代的來臨，互動性社交媒體的
風行，拉近了全世界的距離。從前一代以即時
文字為主、照片為輔的 Facebook、twitter 等
媒體，轉化到當代注重透過照片傳遞資訊的
Instagram，讓大家坐在家裡，就可以掌握世界
各地即時的現況。因此，你可以直接觀察到當地
人目前的穿著打扮，甚至了解當地天氣的樣貌，
如此在行程出發前，就可以做好「融入當地」的
準備，也能掌握當地的流行趨勢。

　　其實，不同國家具有不同的文化環境，大家
都展現出不同的穿著風格。在美國旅遊時，非常
容易看到來自世界各地的人民，除了語言和樣貌
外，穿著打扮也是一種非常明顯的差異。例如西
方人喜歡穿得休閒輕便，並且搭配個性化的配
件，像是戴草帽、斗笠 (可能剛從某國家帶回來
的紀念品)；亞洲人民中，例如華人的審美價值觀
其中一項是「大便是美」，所以古代時，花開的
很大朵的牡丹，就代表雍容華貴的意涵。因此有
些華人旅客會穿著鮮豔桃紅、大花交疊出現的衣
服。

　　不過同樣是東方國家的日本，當地人平時對
於自身的穿著打扮就會有所嚴格的要求。因此，
在日本旅遊時，就必須謹慎思考一下季節與色
系、材質、配件之間的搭配。當然，展現自己個
性，顯示極大對比，也是另一種選擇，只是較多
目光的投注是否讓你在意，也得考量一番。

▲韓國釜山市市場街景，穿著韓
國傳統服飾搭配西式巴拿馬帽
(Panama hat) 與現代運動鞋子的
老爺爺，其實也是一種很有趣的
風景。

再者，體驗當地特色服飾何嘗不是一種很好的衣著美學體驗。尤其像是日本與韓國這些國家，仍保持在特定時間或活動中，穿著傳統服飾的習慣。因此在這些國家中，即使你穿著傳統服飾走在街上，也不會顯得突兀與奇怪。

不過，也有些我們既定印象的傳統服飾，現在多半只是表演者或是在其他活動與商業行為時穿，例如荷蘭傳統服飾中的木鞋 (木屐) 或是起司女孩 (chesse girl) 穿的衣服。另外，再分細一點，許多國家在不同地區，也會有不同的文化、不同的美學觀點，以及不同的裝扮形式，例如泰國泰北、中部、南部、東北都有各自不同的服裝內容，所以在地人一看就知道他們之間的差別。

再者，有時候某些特定節慶活動，就會有其特定主題的扮相，這時事前的功課就需要做足，才能夠穿得道地，粉墨登場。筆者就曾對台灣大稻埕國際藝術節系列活動中的「1920 變裝遊行」進行過當時年代衣著上的文獻考究。自 1895 年台灣進入日治時期，當時大量的洋服、和服、制服的湧入，加上舊有的台灣服，衣著風格是多元化的。

不過，和服沒有洋裝或台灣服來得普遍，因為日治前中期，日本總督府沒有積極推動。加上台灣人民覺得那是一種被殖民的象徵，所以也不太願意穿 (蔣竹山，2014)。1920-1930 年代開始，台灣青壯年男性普遍以洋服作為出席公開場合之穿著打扮，搭配多半以三件式西裝為主，配件的使用部分，包括中折帽或圓頂帽、領帶或領

▲荷蘭阿克瑪起司市集 (Alkmaar Cheese Market) 裡起司女孩穿著荷蘭傳統服飾與木鞋，非常可愛與吸睛。不過，這樣的穿著於荷蘭的大街小巷裡並不常見。(圖片來源：TonyV3112 / Shutterstock.com)

結並穿著皮鞋。像是 Mayell (1930) 拍攝在大稻埕迪化街的市場叫賣、樂器表演的影片中，可以窺視平時民眾的穿著多數仍是以台灣服為主。

1920 年代的台灣服特色，男性是對襟式上衣，開襟處在胸前中央，左右對開；女性則是開左衽大襟式 (大裪衫)上衣，另外延伸大裪衫式而形成的琵琶裾、直裾等款式。且無論男女，下身都是便於活動的寬大褲子、腳穿布鞋。

但是，如同上述所言，因為大量的外來服飾湧入，所以混搭的情況頻繁，像是影片中大大小小都是身穿台灣服，頭戴西式中折帽或圓頂帽，甚至 1920 年代還有許多混搭法，例如身上穿著對襟式台灣服，頭上頂著西洋中折帽，腳上配雙西洋皮鞋；手上拿著洋傘、上身著大襟式台灣服，下身是西式學生百褶裙、腳踩西洋皮鞋，手拿西式皮包；身穿以西式鏤空花邊作為袖口與裙擺裝飾的台灣服。

◀大稻埕國際藝術節系列活動中的「1920 變裝遊行」活動現場街角一隅。

　　另外，影片中著日式服裝者也占極少數，郭雪湖 (1930) 的著名畫作〈南街殷賑〉中，也同時呼應此事，僅有兩名車伕著和服。最後，從南街殷賑中也可看出斗笠、紙傘的使用、女性飾品及髮型等等。因此，透過上方各式文獻中的資料，可以對於當代的衣著特色，有更精準的了解。無論是主辦單位或是參觀民眾，或是在地商家，都可以透過上述的內容讓自己回到過去。所以你想要偽裝成當地或當時代的人，可要多做點功課，這些差異往往極小、極精緻，外地人若不加以研究，其實很難發現。

　　不過，還有一些與政治文化相關的事情必須注意。此時你一定想說，不就穿衣服而已，何必這麼認真呢？不過，有時候一個圖案、顏色上的選用錯誤，或只是表達個人特色的髮型妝容等，都會為自己的旅程造成大小不一的麻煩。例如，剛剛前述提到的穿著與當地人差異太大時，就很容易被當作觀光客，消費時，就會被用「觀光客」計價。

　　2013 年底左右泰國反政府示威抗議時，主要是紅衫軍與黃衫軍兩派的對抗。此時服裝顏色就變成很重要的議題，應避免任何與政治色彩有關的顏色衣著，以免為自己招來麻煩。穆斯林國家的人民認為豬為不潔的動物，因此前往該處旅遊時，T-shirt 上的圖案選用也要注意。現在有許多 kuso 搞笑或彰顯特色的 T-shirt 圖樣，例如大麻圖騰或是英語髒話等，容易造成他人誤會，旅行時還是謹慎小心盡量避免。

　　最後，特殊顏色的染髮，例如粉紅色、淺藍色等，或是如雷鬼頭的髮型等，也是會造成他國人士不同程度刻板印象的另眼看待，所以還是謹慎注意一下比較好。

　　不過，再怎麼說，美仍然是心理層面的考量，往下層思考，出外旅遊若是受涼或中暑，導致身體微恙，這樣一來內外都不美了。所以，筆者還是必須提醒一下，衣服影響人體

感官最大的一項感覺就是觸覺。不同的旅遊國度、不同的地形、氣候、溫度、降雨量等，都會對體感的舒適協調有所影響。

▲法國巴黎街頭民眾穿著，並非如同刻板印象中的時尚伸展台般的衣著風格。

　　天熱，身體就想要追求涼爽；潮濕，身體就想要追求通風乾爽；天冷，身體就需要溫暖等等，現在成衣技術的發展成熟，按照氣候預報選擇相對應的服飾，才能讓你的觸覺感官持續保持舒適狀態，讓旅程不受干擾，而可以更充分運用其他感官，專心地吸收與接受其他渴望的資訊。

　　當然，功能性衣物也愈來愈注重美觀與否，所以盡量挑選功能與外型兼具的衣服，讓你旅行戰服又舒適又美麗。例如搭機時，素色、柔軟吸汗材質的上衣褲子，加上輕薄外套或圍巾，及素色容易穿脫的包鞋，就可以了。畢竟，又不是大明星，下飛機後應該不會有大批粉絲來接機，所以搭機穿著就以舒適的功能性為主，個性化部分則從其他飾品下手就好 (不然就是把粉墨登場的衣服放進行李，下機後再替換即可。)

參考文獻

1. 吳奇浩 (2015)。洋服、和服、台灣服—日治時期台灣多元的服裝文化 [Western Attire, Japanese Kimono, and Taiwanese Clothes: The Multicultural Hybridity of Taiwan Clothing in the Japanese Colonial Period]。新史學，26(3)，頁 77-144。

2. 郭雪湖 (1930)。南街殷賑 (第 188 × 94.5 cm 冊)。

3. Mayell, E.(導演) (1930). Taiwanese Marketplace: Fox Film Corporatio.

4. Saito, Y.(2010). Everyday Aesthetics. Oxford, UK: Oxford University Press.

5. 蔣竹山 (2014)。島嶼浮世繪：日治台灣的大眾生活。台北市：蔚藍文化。

14
住之美

今晚你要住哪裡？

許軒

(圖片來源：Jeff Li)

你喜歡住在華麗的城堡嗎？羅馬式？哥德式？還是希臘式建築呢？住宿的內裝，你喜歡什麼樣的氛圍風格？華麗舒適的古典風？還是簡約現代風？還是帶有個性的工業風呢？還是你想住在讓人身心靈放鬆的 villa 或禪風房間內？每一趟旅程中，住宿的品質決定你勞累一天後，元氣回復的程度。此外，聽覺與嗅覺扮演重要的角色，什麼樣的音樂與氣味，能帶給你一夜好眠？高級的沙發與絲質的床鋪床單，能否讓你的觸覺感受更加愉悅，提升休息的品質？旅館人員的服務態度舉止，如何真心給你一種「回家」放鬆的感受？旅館美學的考慮可不能少。

住宿的地方，當然從一開頭的旅館外觀、旅館迎賓服務、房間內裝潢、設備、床墊彈性、床單棉被觸感、隔音效果、味道、窗外景觀等，都充分影響你的視覺、聽覺、嗅覺

▼位於盧森堡的旅館，主打交通方便、整潔，所以一切設備與用品都是以商務型旅館的規格為主，不過內部也透過一面牆與藝術品來提升整體房間氛圍。

▲飯店大廳是旅客除了建築外觀外，對於飯店的第一印象。尤其五星級大飯店，多半會讓自己的門面具備挑高開闊大氣以及濃厚的設計感。飯店大廳是主視覺風格呈現的重要環節，不同的設計型態將引導旅客對於飯店其他各廳堂的期望。

以及觸覺感受。這些感官上的刺激，也會進一步影響到你的
住宿與休息品質。因此，如何成為提供美感的住宿地點，要
顧及考量的部分可是很多的！

其實當今因為住宿需求提升，各式層級與目的的旅客愈
來愈多，所以旅館型態也愈顯複雜。從最基本講求衛生乾
淨整潔的商務旅館，到講求頂級奢華享受的星級旅館、強
調特定文化特色的日本和風旅館，以及融入當地人住家的
Airbnb，甚至特別強調個性化與設計風格的設計旅店或文創
旅店等，各種不同類型住宿環境應有盡有。

不過，其實最基本的住宿環境美學重點，就是房間無塵
蟎、跳蚤、老鼠、蟑螂、螞蟻、老鼠等乾淨、整潔的環境，
以及安靜、隔音好、無異味、溫度適宜、適中的床墊枕頭棉
被等基本條件。基本該有的做到後，不會讓旅客感受到負面
刺激，才是設計感或其他考量的開始，例如融入當地風格的
設計、藝術家名作擺放、高級沐浴備品的使用、知名床具品
牌、無線網路、咖啡烹煮設備、烹飪設備、健身房、游泳

▶日本和風旅館常用的
榻榻米，提供旅客一種
非常有日本文化特色的
住宿體驗，站坐行臥多
半都在榻榻米上，提供
旅客一種視覺上的溫和
感、不同的觸覺溫度與
質感，甚至也會聞到淡
淡的草本香氣。

池、早餐種類、海景、山景、河景、著名景色 (例如面對巴黎鐵塔、紐約中央公園)、莊園、花園、度假旅館、獨特建築風格、一流設備、獨立陽台等。

隨著旅遊型態的演進，近年來融入當地人的生活，已經是許多旅客很喜歡追求的一種旅遊型態，住宿剛好就是一種最能體驗當地生活美學的方式。例如像是住在巴黎人的家中，歷史悠久的石造建築仍然堅固，裡頭非常涼爽無需冷氣，而他們房間裡的裝飾擺設，就算再擠，仍然不會忘記要掛上壁畫，增添整體空間氛圍的藝術感。

▲民宿客廳與餐廳，具有風格、造型、品味的風格類型，也會吸引並滿足各式不同住宿旅客的需求。民宿主人會依照自身品味決定室內設計的風格，因此，旅客有時會遇到相比高級旅館設計感更勝一疇或更具風格的民宿唷！(圖片來源：巢空間室內設計)

▶文創旅店強調文化與
創意的設計融入，所以
通常能從中找到許多驚
喜。像是在旅店大廳多
樣化元素的融入，就會
帶給旅客進門時不同的
感受。例如旅店大廳加
入了可使用的溜滑梯，
有別傳統旅館大廳，使
空間多了童趣以及互動
性，更可以帶給旅客不
同的感受。

▲文創旅店既然有文化層面，融入當地特色本土文化元素就不可缺乏，如圖中床鋪融入客家花布的元素，拉近了房間與地方之間的連結。

▲文創旅店提供的小行李箱造型的備品盒，會帶給旅客再次的驚喜，這樣的不同層次與不間斷連結性的驚喜，勢必可以為旅客留下美好難忘的回憶。

▶法國安錫的公寓酒
店，在設施齊全的旅館
中，偶爾使用當地食材
烹調一餐，也是不少旅
客旅館住宿體驗中重要
的項目之一。不過，此
時具備良好與與環境氛
圍一致的用餐空間與設
備以及景觀，就變得格
外重要。畢竟，要有如
同在家的舒適感，又要
有別於在家時的風景景
觀以及設計氛圍，方能
滿足旅客的身心。

　　再者，法國人對於感官愉悅感的要求，是貫穿到生活中的每一個角落。因此，像是在法國旅館套房房型中的餐廳，也絕不馬虎，絕對讓你在用餐時，五感仍能充分感受舒適與愉悅。另外，居住在荷蘭阿姆斯特丹的民宅裡，除了有機會看到窗外的河景外，重視花卉的荷蘭人運用花來妝點空間或是提升整體用餐氛圍，是他們提升生活樂趣與品味的小細節。身為旅客的我們，在擺著新鮮花材或植物旁用餐，自然而然心情更加愉悅。

　　如同前述，除了提升視覺愉悅感受的元素外，會影響到視覺感受的燈光照明也是非常重要的。有些旅館採用黃光或暖光，讓住客進入後，就有放鬆的感受。

▼荷蘭阿姆斯特丹民宿 Orange Inn 房間窗外河景與遼闊視野。

接著，聽覺上的考量也非常重要。與住宿相關聽覺上的元素，包括房間之間的隔音，是否很容易聽到隔壁住客的各式聲響？樓板的隔音情況，是否會因為樓上樓下住客的活動，而傳遞噪音進來？再者，窗戶玻璃是否能完全隔絕窗外環境噪音？另外，有些旅館會提供舒眠的音樂，讓旅客有更好的睡眠品質等等。

此外，嗅覺也和是否能住得舒適與睡眠品質有關。氣味是一種會讓人非常直接感受，且做出反應的刺激。房間味道是否無臭無味？是否沒有潮溼霉味？廁所味道是否能隔絕在廁所內？有些香氣有助眠效果，例如洋甘菊、薰衣草、佛手柑、檸檬馬鞭草，或是放鬆效果的鼠尾草、橙花、檀香等，所以有些旅館會使用薰香或線香提供住客舒適的嗅覺體驗。不過，氣味如同口味一般主觀偏好差異大，加上純精油的使用所需耗費的成本較高，所以目前仍未普及至各式旅館中。

當代有許多旅館特別注重整體美學體驗，對於自身內外裝潢設計、服務等不但有嚴格的考量，甚至對於入住的旅客也會有所要求與挑選。位於瑞典斯德哥爾摩的設計旅店 Nordic Light Hotel 為塑造整體旅館主題一致性，會對入住的旅客進行篩選，以確保每一位於旅館消費的貴賓，在館內接受的各種感官刺激（包括接觸到的

▲荷蘭民宿餐桌上，也會擺放一盆花來提升整體用餐氛圍。

其他旅客) 都能符合一致，以獲得舒適的住宿體驗。因此，在當地長年舉辦的住宿體驗投票競賽項目中，Nordic Light Hotel 消費者滿意度在該區內，一直居高不下。

　　另外，位於法國巴黎充滿時尚、設計品牌、藝術氛圍極高 Rue Saint Honoré 街區的 Hôtel Costes，是一間充分融合當地整體氛圍，具有濃厚藝術設計氣息的旅館。這間旅館除了視覺上的重視外，對於聽覺饗宴也是非常看重，他們特別邀請 DJ Stéphane Pompougnac 駐館表演，而且甚至出版系列音樂專輯 (YouTube 上搜尋 Hôtel Costes Music)，這些專輯受到國際上眾多餐旅企業之喜愛。

　　除了聽覺外，Hôtel Costes 特別重視嗅覺的部分。館內隨處都可聞到一種獨有 Hôtel Costes 的味道，被稱為 Costes White，是一種結合薑、香蕉樹、西洋杉及百合的味道，透過旅館裡四處點燃的蠟燭所釋放出來，旅館的經理表示這是一種 Costes 的靈魂。如此在五感上用心經營與形塑品牌個性的旅館，也成為巴黎時尚週 (Paris Fashion Week) 以及各時尚藝術設計人士的重點據點。

▲飯店燈光的色溫與明度等，都是需要飯店從業人員謹慎規劃思考的。飯店的主要功能之一，要提供給旅客能夠充分放鬆休息的空間，所以像是通往各房間的走道，就會採用較昏暗的照明，讓旅客進房前，就感受放鬆氛圍的感官刺激；進房後，暖色系的黃光營造出房間的溫度與柔和感，讓旅客的身心靈都能獲得最佳的休憩。

▶房間窗外美景也是影響住宿選擇的要素。旅遊或辦公回來後，勞累的身心透過觀賞窗外美景，頓時舒緩不少。所以，到底要面山、面海、面城市，都會是入住時的重要考量。不過，既然美景是住宿美學中重要的環節，窗戶就是飯店從業人員需要謹慎注意的部分。例如上圖清晨明亮時，整個城市美景盡收眼底，且讓人身心振奮起來；不過，當天色變暗時，仔細看，窗戶上的水漬汙垢開始愈來愈明顯，如中圖；接著，同樣景色到了晚上，如下圖，只看得到玻璃上的髒汙，燈火通明的城市美景也不再美了！

　　其實回應一開頭講的，最基本的旅館美學，就是要有一個令人感到安全、衛生的空間，讓人可以在陌生的環境下安心入眠。如此簡單的要求，空間的營造卻不是如此簡單，例如安全考量的部分，必須仰賴的是堅實的基礎建築，例如像是房門的材質，若是堅實的金屬材質，相比木頭材質就讓人更覺安心；衛生方面的感受，可以利用明亮的空間，例如使用白色磁磚、白色明亮的燈泡。但是，若是旅館想要營造溫暖的感受，冷冰的金屬大門與明亮的白光燈泡也顯得缺乏溫度，而且旅客也相對無法感到放鬆。

▲飯店早餐往往也是住宿旅客選擇投宿地點時的重要考量，符合多元旅客口味又能提供當地特色料理的餐點提供，絕對是能讓旅客滿足其味蕾體驗的最佳方式。另外，有空觀察飯店餐廳對於食物照明所使用的燈光，以及房間內的燈光，雖然都是以黃光為主，但是整體感受是不是也有所不同呢？

此外，雖說強調衛生整潔是美感最基本，也相對簡單的事情，但是旅館從業人員往往也會有很多遺漏掉的部分，例如：窗戶上的水漬、電視上的灰層等，或許細小，但這都會是影響整體旅館美學感受的部分。

旅館美學是一件非常複雜、需要考慮非常多元的一項學問。從建築外觀、室內設計、房間設計、各式設施與餐廳等空間上的考量外，還要顧慮不同空間的服務種類、客人需求的差異，從而進行美感上的傳遞。例如餐廳的用餐功能就和客房的休憩功能不同，所以燈光的色溫與明度的選擇，就要有所不同；前者要讓食物看起來更美味，後者則是讓旅客感到放鬆。另外，還有一些飯店為了與當地文化結合，傳遞特色文化的元素，都是使得旅館美學趨於複雜的重要影響因素。

隨著時代轉變，過多偏某種文化風格之美學呈現，對於新一代消費者來說，也不太具吸引力。因此，如何以文化為底蘊，延伸發展新的設計創意，方能讓旅客既能感受某文化特質，又不會因為過多而感到沉重或覺得俗氣，這成為旅館從業人員必須謹慎考量的美學因素。

最後，功能性與美學性的結合，也

▲飯店中式文化特色其實從許多裝飾中便能明顯了解，例如圖中的中式窗花與中式藝術畫作，或是龍的圖騰裝飾品等，都在不斷告訴旅客這是一間以「中式設計風格」為主軸的飯店。

會是增進旅館設施使用率的最佳方式。所以，住之美雖然對於旅館從業人員來說，早已是必備考量的部分。但是，如何達到整體體驗的一致性，跟隨時代潮流而改變，或是升級感官感受，以留給旅客難忘的回憶，進而提升旅客對於旅館的忠誠度，提高其顧客生命週期，仍需要更多美學思維的導入，方能透過感性的成分達到效益。

▲飯店泳池也是近年眾多飯店主打的一種特色設施。原本只是用來強身健體，讓旅客實行功能性作用的泳池，其美學標準也愈來愈高了。不但維持其功能性外，考量到美學的需求後，也促使其成為休閒娛樂拍照打卡辦活動的好去處，同步也增進了泳池的使用率。

參考文獻

1. 張蓓貞 (2014)。芳香療法應用與實務。台北市：開學文化。

2. 漂亮家居編輯部 (2016)。照明設計終極聖經。台北市：城邦文化。

3. Strannegård, L. & Strannegård, M. (2012). Works of art: Aesthetic Ambitions in Design Hotels. Annals of Tourism Research, 39(4), 頁 1995-2012. doi: https://doi.org/10.1016/j.annals.2012.06.006

15
行之美

移動的方式，
不也是一趟
美感體驗的重點嗎？

許軒

(圖片來源：Jeff Li)

移動的方式，本身就是一趟審美的體驗，同時也帶領著旅客用不同的視角方式與速度體驗美。

　　旅行中，移動的方式決定了你的旅程快或慢，也決定了你的感官接受資訊程度的廣或深。鐵路是許多旅客移動的重要方式，日本是個鐵路交通便捷的國家，因此除了注重移動功能性外，也重視火車的外觀造型；歐洲古老火車，復古情懷，讓鐵道旅行不只是運輸，更進階帶出旅客不同的時間與空間感受。除了火車與沿路的風景外，火車站也是極具當地特色迷人的景象，而且車站的樣貌也是旅客對這個城市的第一印象。

　　例如，同樣位於比利時的布魯塞爾中央車站與安特衛普中央車站，就給旅人完全不一樣的感受。當然這樣的感受，也真實反映在其城市的特性上。被列為世界最美車站之一的安特衛普中央車站，靠近它，頓時便會讓人忘了趕車的緊張。巴洛克風格的建築外觀，讓人不禁在車站前停留，並拿出相機以收藏美好的景象；進入車站後，更是讓人手舉著相

▶日本九州「由布院之森 (ゆふいんの森)」，特殊優雅造型的列車。列車裡頭充斥綠色系與木頭質地的搭配，讓人感到如同在森林一般，創造難忘的火車體驗。

◀比利時的安特衛普中
央車站具有古典歐式巴
洛克風格，就帶給旅客
這座城市優美且深遠的
歷史背景的第一印象。

◀布魯塞爾中央車站，
相較其他歐洲車站比較
現代化，所以也帶給人
布魯塞爾都市化的印象
感受。

機不想放下。高聳的車站穹頂以及如同皇宮或教堂般的大
廳，以及富麗的階梯、金箔裝飾、雕像等，讓你瞬間彷彿進
入另一個世界，正準備於此參加一場舞會。

　　旅遊目的地的交通工具，也是城市風景的一部分，透過
最貼近當地民眾的交通方式，近距離感受最接地氣的生活方
式，也是一種最道地的移動方式。例如荷蘭、里昂的輕軌電

　▲▶列日鬆餅聽過，但是比利時列日車站的美，你看過嗎？流線型、現代感十足的車站外觀，採用通透感十足的設計，車站背後的景觀也不會因為車站的存在，而被完全遮蔽。站外與站內都是欣賞建築之美的好地方。

　▶不愧是世界最美車站之一，安特衛普中央車站內的景觀總是吸引人於此停駐拍照留念。在這樣一個彷彿皇宮或大教堂的地方，很難讓人聯想到其實是一個人來人往繁忙的車站。

車 (Tram) 或是公車巴士，相對捷運，是速度較慢的交通工具。雖然會耗費較多的旅途時間，但是慢慢欣賞街景與當地人生活的方式，何嘗不是一種旅遊之美呢。

　　再者，除了窗外的美景外，車廂內站站停靠，上下車的人們也是一種多元、動態的景象轉化。觀察著不同的面孔，哪一站上車或下車的人最多？又多為哪些類型 (例如學生、上班族)？不但藉此可以觀察當地人不同身分的穿著打扮型態，也可以藉此對於當地特色愈來愈了解。

　　捷運，順應當地情況分為地下、地上，或是高架型等各類型。地下型的，行進間只能觀賞車廂內的廣告、人們、或是動態螢幕，或者低著頭看手機或書本等；地上或是高架型，就可以觀賞著沿路的市井與街景。不過，高度不同，視角不同，所看的內容自然也不同。鳥瞰的方式，人與物變得

▲荷蘭的 Tram，帶著乘客通往城市的各個角落。因為其速度相較緩慢，而且視角與路上的行人更為貼近，坐在車上觀看著城市的景觀，更有一種置身其中的感受。

▲法國巴黎地鐵，在黑黑的隧道中，快速帶領你到城市的各個角落。不過，當你搭乘時，你的目光多半會聚焦在乘客或自己的書本、手機上，直到下一站到來。不過，快速就是它的優勢，而且偶爾觀察一下搭乘的乘客們，也是一種城市審美的好機會啊！

渺小，但是可以更遼闊地將當地人生活型態或是景象一次盡收眼底；平行的觀看角度讓人可以更加感同身受。

當然，在著名旅遊目的地皆具備的觀光巴士，上下層的特殊設計，讓你有著不同的視野與感受。觀光巴士的好處是可以帶領你很快速掌握旅遊目的地的重要景點，只是若要再深入去體驗，仍需透過其他交通方式加以挖掘發現。

各個國家也有各自不同的交通運輸的特色方式，例如泰國的雙條車 (Songthaew)、嘟嘟車 (Tuk tuk) 或是馬車等，都提供不同速度、不同角度的運輸與觀賞街景的方式，帶領你感受不同風格的行之美。

鐵馬之旅，透過自行掌握的速度，可以更加主觀性地選擇自己想要觀賞的景點與內容，而且是一種更愛護環境的旅遊方式。

在自然環境中騎著鐵馬，不但能看清楚沿路的美景，運動後臉上的好氣色也是一種美的表現。相對於步行，腳踏

◀荷蘭阿姆斯特丹的觀光巴士充滿著荷蘭的特色的彩繪，例如梵谷、風車、木屐等，如此吸睛的外裝應該很難讓人忽略它的存在。透過專門為觀光客設計的觀光巴士，更能讓你將此旅遊目的地的著名景點一次性囊括。

◀泰國的雙條車上，乘客是對坐的，而且僅能看到行進路線兩旁與後方的景象，也是別有趣味與特殊的賞景視角。

◀法國聖米歇爾山的馬車「La Maringote」，透過相對原始的交通方式，帶你走進逾千年歷史的古蹟與天主教朝聖地，是不是更有回到過去的想像空間呢？

▶法國的租借型腳踏車非常的便利，透過腳踏車穿梭城市，可以讓旅客更自由、更彈性地去找尋自己想要觀賞的美景，何時快、何時慢、何時停都由你自己決定。

▲荷蘭阿姆斯特丹騎乘鐵馬的人數眾多，所以你身為遊客騎在其中，也不會覺得奇怪。不過，筆者的經驗是，有時候他們會騎的很快，所以記得也要注意一下，不要擋在路中間，成為人家的路障喔！

車旅遊是一種體力支出較少的移動方式，且能移動得更加遙遠。不要忘了，旅行時要有平衡的身心狀態，才會有餘力對旅行時的人事物進行審美唷！

　　另外一種台灣人的最愛──摩托車，對於某些城市來說也是一種移動的好選擇，相對腳踏車更加省力、更加自主，騎到哪停到哪，體力上的耗費更是降低不少。例如像是在泰國清邁，車流量較少，在此租借摩托車前往想去的地方，不但可以在騎乘過程中，感受涼涼微風的吹拂，也可以更輕鬆快速地到達目的地。

　　最後一種路上交通方式是 11 路公車──步行，漫步於塞納河畔凝視車輛、遊輪與街上不同種族的人們，隨時可以停下來駐足於特別感興趣的景點，透過最緩慢的移動方式，體驗最深層、最純粹的當地之美。

　　當然除了路上的交通運輸方式，水上交通也是觀賞世界之美的方式之一。近年來很流行的輪船之旅，能緩緩帶領旅客前往目的地。既然是海上之旅，往往所見的景色，都是天空與海洋為主，頂多加上時間與氣候變化而有所不同。所

◀荷蘭梵谷森林的腳踏車視角。在國家公園裡，騎乘腳踏車，伴隨微風、呼吸著新鮮的空氣、身體感受的微微涼風、眼睛看著四周的景色、耳聞蟲鳴鳥叫等，此時身心真的會進入一種極舒適的境界。這種感受，會讓你離開後，偶然再次看到當時的影音紀錄時，彷彿還能回到當下的感受。

以，此時輪船的內裝設計、房間、娛樂提供及服務，就相對
更加重要了。

　　不過，另外有一種河上之旅，內部設備也是和郵輪一樣
華麗，但是河輪行進時，河道兩岸的景色變化，有時自然、
有時人文，所以也是換個角度賞景的好方式。

▶輪船之旅，近年來海上交通已成為新興的旅遊方式。平靜的海面上前往預期的目的地，是另一種運輸的體驗。(圖片來源：世紀遊輪)

▶能提供一覺好眠的房間非常重要。暖色系的配置裝設，讓旅客能在房間裡頭渡過完美的夜晚，獲得隔日充足的睡眠，才能於白天來臨時，再度有活力去欣賞窗外美景以及享受輪船上的各式設備與活動。(圖片來源：世紀遊輪)

◀輪船房間配備(標準房與總統套房內裝),舒適的房間與唯美的設計擺設,如同於飯店住宿一般的感受,無論是海輪或是河輪,船上休息住宿時的需求都是相同的。(圖片來源:世紀遊輪)

　　交通運輸工具承載著旅客從某空間抵達特定空間,這種空間的轉移,雖然時間不一定很長,但是透過不同的工具種類,以及此交通工具外觀裝飾與整體環境上的協調等,都會帶給你旅途過程中不同境界的體驗與感受。選擇一項更能讓你沉浸氛圍的交通運輸方式,可以讓你的整體旅遊目的地體驗更完整,創造更多情緒上的感動,以及更豐富的回憶。

▲河輪所能觀賞到的景象隨著經過的地點不同，而有所差異。有時欣賞著自然景觀壯美感受，有時沉浸在人文都市絢麗富足感，也是一種能帶領你穿梭不同空間與時間感覺的最佳工具。(圖片來源：世紀遊輪)

▲巴黎塞納河游船。塞納河這條世界知名河道穿越巴黎並經過巴黎的 UNESCO 世界文化遺產，往往是旅客必定乘坐的工具之一。人在船上往兩旁美景望去，回想著這裡曾經發生過的歷史故事，也是一種情景交融的旅遊體驗。

▲巴黎聖馬丁運河船上的景象。運河兩旁的街景相對遊河船會更加貼近乘船者，而且與經過橋墩上賞景的遊客距離更加貼近。如此距離的景物、人物的觀賞互動程度，不同於其他種類的水上運行交通工具的感受。

Part 4

尋覓多樣的旅遊之趣

16
自然之美

許軒

(圖片來源：Jeff Li)

透過觀賞大自然的傑作，可讓人獲得最真實的愉悅美感。美麗的風景映入眼簾，清香的花草味、風吹撫過青草樹葉所發出輕輕聲響，撫摸著陳年老樹，感受它歷經年華，堅毅不拔所得到的粗糙樹皮，嘗著甘甜的溪水等，透過五感接觸到的大自然之美，是否讓你內心舒暢、愉悅呢？你是否曾看過動物大遷徙、高山峻嶺、廣大無邊界般的油菜花田等美景，是不是讓你從內心大聲讚嘆自然的偉大呢？

這就是康德美學所提及的崇高的感受，這種感受有別於一般美感衡量著重於質，崇高感受著重於量，也就是形式上的大、多、廣等概念。當我們看到如此相對較大、較多的數量時，心中出現的那種感覺，它是崇高感，這觀點同時也呼應了我們小時候讀過徐志摩說的「數大便是美」的感受。其實上述兩種美學感受有點像是看遠看近兩種不同的視角概念，遠看一片遼闊、壯麗美景盡收眼底，近看輪廓、質材、光影、色調等，細節質地一覽無遺。不同的視角，看到不同的物體，就會有不同的感官感受。

自然景觀是人類最原始可以接觸到的客體，也是後來藝術行為追尋美的具象與創作時，經常使用的臨摹根據。在觀光旅遊的世界裡，自然界的美景亦是重要必備元素之一。透過自然美景，我們追尋純粹無目的性美的體驗，從中獲得情緒的釋放、心靈的滿足、眼界的開闊、知識的印證等。

自然界的美是世界上許多美的根源，換句話說就是人類常常模仿自然事物，形塑轉化成為美的元素與原則；或是透過藝術作品予以再現，例如眾多自然界動植物昆蟲對稱的形體、花朵或昆蟲繽紛的顏色；再者是透過這些自然的元素，發揮創意與想像，創造出新的事物等，這些都得感謝自然界給予人類的啟發。

人類最直覺和最基礎的美感建立，有一大部分也來自於

自然界，兩者形成一種循環的關係。因此，旅遊行程中的自然元素自然是必備條件之一。雖然隨著整體人類發展，迄今已經較少有未經人類「整理」過，完全純天然的自然風景區，少數保留原始狀態的美景多半被納入國家公園保護區中。多數經整理過的自然美景，像是法國巴黎的杜樂麗花園(Jardin des Tuileries)、中國大陸山東濟南的大明湖等，多半也都已經融入人類智慧與思想，具有獨特的歷史文化故事與特定主題。雖說並非全自然，但是透過其有系統性規劃後的自然元素景觀，除了更能吸引旅客前往到訪外，同時也讓自然之旅不單單僅是表面形式的審美，更添加情意與心靈層面的感觸。

　　自然景觀的涵蓋範圍非常廣大，包括山、水、土壤地形、動植物、氣候等都是旅遊行程中，不可或缺的旅遊審美必備元素。不過，你有沒有注意到，大自然景觀景物通常是旅客美感分歧較少的審美元素？不同的建築體，每個旅客可

▲春天的櫻花帶出春意盎然的新氣象，粉嫩色調與嬌媚身影，讓人情緒不自覺的被牽引帶向愉悅的感受。

能對其形式外觀會有不同的美感見解；對不同的藝術品，每個旅客的喜好，會有相當大的差異。但是，觀賞白靄靄的冰雪奇景 (撇開生活在雪地生活的不便，所造成的不愉悅感)或是高聳壯麗的山巒美景時，多數旅客都會不自覺地產生一些正向愉悅的感受，這就是德國哲學家兼美學家伊曼努爾・康德 (Immanuel Kant) 指出美的共通感之概念。

　　不過，自然界的美是多元、廣泛的，例如你望著藍天白雲的天空，頓時會感受到心情上的舒坦，這就是一種空間感的審美；看著高聳的山，又高又壯麗的氣魄，給人一種崇高、敬佩的感受；蜿蜒的洞穴，鑽來鑽去、忽明忽暗，每一次的明亮，就是見到一次不同風景的驚喜感，讓你不得不對

▼白茫茫的雪部分覆蓋了原始的景物，頓時景象失去原有的顏色，相片乍看之下變成一幅水墨畫。

下一次出現的風景產生期盼與好奇感受。

　　運用美的形式原則是可以解釋一些旅遊過程中，透過感官接受，可能帶來的情緒感受。空間中的各式美的原則，例如大小、對比、高低、重複、垂直、水平等，都會創造出人的不同感受，而且不斷變化的組合方式，會創造出不同的節奏，因而帶給感官更多的刺激、情緒上更多元的感受以及更多元的想法產出。例如，源源不絕流出的泉水，總會讓人聯想到青春與不老；瀑布壯觀的形體、湍急的水流及水花濺起時的聲響，彰顯出動力與活力感受。另外，很多自然景觀也因為人類觀賞後產生的額外想像予以擬人化，例如台灣野柳女王頭；或是透過有意義的象徵符號，賦予意義，例如雙心石。

　　氣候與天氣的改變，也會帶出不同；有些景象上的差異，例如日升日落、陰晴圓缺、春夏秋冬等；有些具有規律的變化，例如日出時透過光、雲、霧的結合從湛藍、魚肚白、金黃、橘紅等顏色的轉換集合成的美景，加上旭日東升的概念，也帶出新希望的象徵意涵；或是像雲、霧、雨、雹、雪、風、雷、霞、虹等不定時的變化，例如白茫茫的積雪完全覆蓋原始景觀，彷彿淨化了世界。上述兩類的氣候元素往往是交疊組合出現，這樣一來，又增添原有景致不同的風貌與感受，進而形成單一景點的多元之美。

　　因此，透過不同形式空間所組成的不同類

▲荷蘭梵谷國家森林公園 (Nationaal Park De Hoge Veluwe) 裡的芬多精、陽光零散的撒下、眼中所見美景、鼻子所聞的新鮮空氣、身體感受到的微風與陽光，讓人覺得就算路途再遙遠，一點都不勞累，只想要在此多探索一些。

▲夕陽西下的美景。夕陽的光使得鏡頭裡其他景物變得昏暗，但是使得人們的視覺更能聚焦在不同層次的夕陽色彩。天天不同的夕陽景象，與相同的景物，也可以帶出不同的感受，甚至改變你原本對特定建築物的想法。

別與型態的自然景觀，理所當然也會產生不同類別的情緒，例如山水風景有六種不同的風格，包括雄偉、奇特、險峻、遼闊、秀麗、深幽。雄偉通常指的是山與水整體的氣勢，通常此氣勢會與量或是大小對比原則有關，例如世界第一高峰的聖母峰，所帶出的雄偉壯麗感；相比之下，海拔僅 1,532 公尺的泰山，雖稱不上雄偉，但身處泰山山腳，往上一看，仍會感受到其雄偉之情。

奇特自然景觀，也會形成審美上的情緒。比如說獨特地形風貌，例如高雄市田寮區的月世界，就是全球少見特殊泥岩地質惡地。因為地質特殊，僅適於少數耐旱、耐鹽及濱海植物生長，加上山坡上蝕溝與光禿的山脊，形成一種如同月球表面的荒涼淒美之感等。

險峻的景觀，台灣泛舟最佳地點——秀姑巒溪，其地形與激流，往往帶給旅客泛舟體驗的刺激感受。這樣的刺激、有挑戰的情緒感受，一定讓人有頓時緊繃、頓時放鬆、重複頻繁等多元美感原則的感受，增進自然景觀審美之情趣。遼闊之景，放眼望去無垠無涯的大海、湖泊等，如此遼闊之景，帶給人希望無窮、永無止境的舒暢感，無疆無界也讓人視野遼闊、心胸寬廣，彷彿人生無所阻礙般的舒壓之情。難怪許多人都會選擇海邊，作為釋放壓力的好景點。

動物生態景觀也是自然審美的重點項目

▲「登泰山而小天下」這句話自小時候的教科書，直到當代宮廷劇中，總是頻繁地聽見。中國五嶽中的東嶽泰山，海拔 1545 公尺，雖然不如筆者登過的其他山脈，感覺也不如想像與期望中的壯大，但是心靈卻獲得一種抽象轉具象的滿足感。

▲盧森堡的峽谷地形創造出整座城市人文建物高低落差的特殊景觀，如此驚人的地景景觀，真的讓旅客歎為觀止。

▲位於法國東南方隆河——阿爾卑斯區 (Rhône-Alpes) 小鎮安錫裡的安錫湖 (Lac d'Annecy)，站在湖畔望著阿爾卑斯山，藍色、綠色和白色三色組成的美景，分別是清澈湖水、山上密布的樹林及山頂覆蓋的雪。自然協調的色彩搭配，遼闊的湖面、高聳的壯麗山景，加上白頭翁的山峰，除了讓山景多了一些變化外，同時也顯現出山之高聳。大自然造化所形成的美景，總是讓人流連忘返。

之一。最有名的非洲動物大遷徙，就是大批動物移動的壯觀
之美。而且，動物的動態活動，也促使原有的自然生態景觀
多了趣味與多元化的內容。再者，許多動物的外型樣貌，也
會引發人類憐憫或可愛等情緒感受。當然，聲音融入在情境
中，亦是讓整個自然之旅的體驗，多了一份聽覺上的美感刺
激。有時與動物互動的過程中，還可以增加更多感官上刺
激，例如環抱無尾熊，就可以直接用身體觸覺感受其毛髮之
軟硬程度，以及透過嗅覺聞到其身上的味道等。

　　遊客進行自然景觀的審美時，並非僅是單單的「觀
賞」，往往耳聞蟲鳴鳥叫聲、體感徐徐微風的舒適、鼻嗅草
地泥土的自然氣味、舌嘗純淨溪水的鮮甜等，這些各種感官

◀奈良公園的鹿兒們。這裡的鹿長期和
人類共存，人類也很願意買飼料餵食牠
們，兩者形成良好的互動。往往旅客看
到鹿可愛的長相以及貪吃的模樣，心中
都會產生一種憐惜的感受，因而紛紛掏
錢買飼料給牠們吃，和牠們玩。不過下
圖中的鹿，為防止傷人和保護樹木等目
的而被割掉鹿角的樣貌，是否也讓你的
情緒產生憐憫之情呢？

感知，都會激發起遊客心中情緒的擺盪，無論正向的或是負向的。自然界通常都是一種整體脈絡性的美。這種整體性的概念是會讓人覺得如果缺少某一種元素，美就有所缺陷。接收到全感官的體驗後，獲得一種情緒的集合，以及一系列的想法或行動。例如：眼見美麗鮮花，但是鼻嗅牛糞肥料味、耳聞賞花遊客吵雜喧鬧聲，相信總體情緒感受，或許也是不愉悅感成分居多。往後再次回憶此次旅程，相信那股味道與吵雜，將成為此回憶劇碼中最搶眼的男女主角。不過，自然界環境相對於人文藝術的審美，已經是較容易讓五感得到貫通協調，於整體氛圍全都感到愉悅的一種情境了。

　　不同的時間、季節、氣候或是同一季節而不同的緯度高地或是水平線高低，而產生的動態之美，都是旅遊過程中，可以去挖掘探究的美感經驗。不同的季節氣候帶來不同的感

▼比利時布魯日充滿中世紀時期風光，以及發達的運河系統，使其景觀更添魅力。美麗的建築映照在河上，反射出朦朧美，觀賞時多了一份虛虛實實的美感與詩意。

◀日本京都府宇治市平等院的鳳凰堂倒映在湖水中，其清晰可見且又上下對稱的倒影讓人不免停下腳步，不停地按下快門，捕捉其美麗景象。

◀中國貴州的黃果樹瀑布群所形成的壯麗自然美景，聞名世界。從小時候教科書中學到的「黃果樹瀑布」，見著真實樣貌時，雖然感覺不如想像與期望中的壯大，但是心靈卻獲得一種抽象轉具象的滿足感。

◀觀賞著黃果樹主瀑布時，眼看湍急水流往下墜落，途中衝撞岩石所激起的水霧，帶出一種仙界霧濛濛的感受；唰唰水流聲以及衝擊底部水面時的聲響，彷彿沖刷了心中的煩惱，聽久了，心靈漸漸也愈來愈平靜。

◀黃果樹主瀑布形成的跌水潭──犀牛潭，讓人遠觀全景時多了一種立體感，形塑出更美的山水畫構圖。

受，印象派之父莫內 (Claude Monet, 1840-1926) 就特別喜歡描繪同一場景在不同季節、時間或天氣等狀態的樣貌。例如下面三張圖，都是 1891 年繪製完成的，名為〈三棵樹〉(*Three Trees*)，看得出來是在什麼季節或氣候下畫的嗎？

　　若講到不同季節的自然旅遊景點，也是現在很多旅遊目的地強調的特色，例如春天賞花、夏天玩水、秋天觀落葉、冬天玩雪，由於大自然帶來不同的氣候、地形、環境、景觀等，也同時帶給身為遊客的我們，不同感官的美感體驗，包括夏日肌膚接觸海水的沁涼感、春天耳聞鳥語鼻嗅花香、眼見初雪紛紛落下等。

▲左圖：*Three Trees in Spring* (1891)
中圖：*Three Trees in Summer* (1891)
右圖：*Three Trees in Grey Weather* (1891)
左邊是春天，中間是夏天，右邊是陰天。三種不同情況下，同樣的景觀在莫內眼中有著明顯的差異。春天的場景裡各組成元素的顏色柔美粉嫩，給人清新春意盎然的感受；夏天場景中，藍天白雲層次分明，加上倒映在水面上的清晰景象，顯得風天氣晴朗無風，與藍色對比的黃葉樹叢將藍天襯托得更富有視覺衝擊感，也帶出夏天熱情奔放的視覺感受；最後一張，則是陰天下的三棵樹景，陰天因為少了陽光的照明，明顯的各元素色澤都加深的，明顯得變暗，所以也帶出一種陰鬱的感受。(圖片來源：WikiArt)

◀炎炎夏日的海邊與海灘吸引著旅客前往從事各式水上活動，無論是玩水、衝浪、曬太陽等。視覺上觀賞的晴朗無雲或少雲的藍天、身體接觸著清澈冰涼的海水、鼻子嗅著海水的鹹味 (有時嘴巴也會嘗到)、聽著海浪動作的聲響等所獲得的情緒愉悅感，是年年夏天海灘人滿為患的最大要素之一。

同樣的地點，不同的天氣感受也大有不同。此時的自然景觀的審美感受，全仰賴個人的偏好、過往經驗等因素給左右。例如春天時的翠綠草木，與藍色河水、綠色湖水對應藍天白雲所產生的心胸曠闊感，讓人不愛春天也難。不過，春天迎來的是酷熱難耐的夏天，某些地區還有濕黏的特質，讓人想到就失去動力；冬天白茫茫的一片雪景，雖然形成冰冷孤單的感受，但冬天也是一種純淨純潔的象徵，也為下一個季節「春季」將帶來豐富色彩的面貌，形成了期待。

除了上述欣賞玩味其形式外，寄情於景是人將自己的情感賦予自然景觀，而使得景與人之間的黏著度增加，提升到更高層次的審美價值。文人藝術家特別喜歡將美景透過文字、繪畫或音樂等藝術形式表現出來。英國浪漫主義的「湖畔派詩人」之一，威廉·華茲華斯 (William Wordsworth) (1770-1850) 為他心愛的英國湖區 (Lake District, UK) 留下眾多美麗的詩篇。除了細緻描繪湖區自然風光，讓讀者閱讀同時產生豐富想像外，還望景生情融入詩人自我，產生與自然界景物具有情感性的對話。

其中，最著名的〈水仙〉(The Daffodils) 一詩，不但帶出大片水仙花受到風吹拂而搖曳的動態感受，以及與環境的互動等生動自然景象，讀者光看文字，圖像便可自然於腦海中浮現。另外，再帶入自身和水仙與景色間的情感互動，讓自己的角色融入在這片自然美景中，情景交融，如此一來讓讀者也能看見作者與景象間的雙向交流。

因此，若是身為威廉·華茲華斯的粉絲或是曾經閱讀過他的湖區相關詩篇的遊客到訪湖區時，眼前除了美麗的自然美景外，腦海便會開始浮現威廉·華茲華斯美麗的詩詞，陷入當下的感官刺激與過往閱讀記憶間的融合，再加上，與威廉·華茲華斯共看相同美景的情感感受等共同產生的浪漫凝

視，會促使著自然美景不在僅止於表層形式的感官審美經驗累積，進一步還觸動心靈與情緒，促使這段旅遊美學體驗，更能留下更長久難忘美好的回憶。

參考資料

1. 山東旅遊資訊網 http://www.sdta.com.tw/。

2. Lac Annecy Tourisme https://www.lac-annecy.com/.

3. Lake District National Park http://www.lakedistrict.gov.uk/home.

4. William Wordsworth (2012)。楊德豫編譯。華茲華斯抒情詩選。台北市：書林出版有限公司。

5. 高雄旅遊網 https://khh.travel/。

6. Wenzel, C. H. (2011)。康德美學。台北市：聯經。

7. 劉天華 (1993)。旅遊美學。新北市：地景企業股份有限公司。

The Daffodils

I WANDERED lonely as a cloud
That floats on high o'er vales and hills,
When all at once 1 saw a crowd,
A host, of golden daffodils;
Beside the lake, beneath the trees,
Fluttering and dancing in the breeze.

Continuous as the stars that shine
And twinkle on the milky way,
They stretched in never-ending line
Along the margin of a bay:
Ten thousand saw I at a glance,
Tossing their heads in sprightly dance.

The waves beside them danced; but they
Out-did the sparkling waves in glee:
A poet could not but be gay,
In such a jocund company:
I gazed - and gazed - but little thought
What wealth the show to me had brought.

For oft, when on my couch I lie
In vacant or in pensive mood,
They flash upon that inward eye
Which is the bliss of solitude;
And then my heart with pleasure fills,
And dances with the daffodils.

水仙

我獨自漫遊，像山谷上空
悠悠飄過的一朵雲霓，
驀然舉目，我望見一叢
金黃的水仙，繽紛茂密；
在湖水之濱，樹蔭之下，
正隨風搖曳，舞姿瀟灑。

連綿密布，似繁星萬點
在銀河上下閃爍明滅，
這一片水仙，沿著湖灣
排成延續無盡的行列；
一眼便瞥見萬朵千株，
搖顫著花冠，輕盈飄舞。

湖面的漣漪也迎風起舞，
水仙的歡悅卻勝似漣漪；
有了這樣愉快的伴侶，
詩人怎能不心曠神怡！
我凝望多時，卻未嘗想到
這美景給了我怎樣的珍寶。

從此，每當我倚榻而臥，
或情懷抑鬱，或心境茫然，
水仙們，便在心目中閃爍。
那是我孤寂時分的樂園；
我的心靈便歡情洋溢，
和水仙一道舞蹈不息。

〈水仙〉翻譯參考自：William Wordsworth (2012)。楊德豫編譯。華茲華斯抒情詩選。

（圖片來源：Jeff Li）

17
人文藝術
之美

許軒

United Nations Educational, Scientific and Cultural Organization (UNESCO) 聯合國教育、科學及文化組織 (聯合國教科文組織) 認證過文化遺產與非物質文化遺產，包括文化紀念景點、建築群和歷史場域等，都是證明人類歷史歷程的文明珍寶。

　　各類非物質的文化，像是藝術表演、儀式、手工藝等，除了外觀上具有特定文化、國家或特定時期的藝術、美學、及風格外，結合了長時間積累與蘊含特定文化脈絡的背後意義，更是讓人不但將回憶深埋腦海，感動更長久留存心中。

　　既然是美學之旅，怎能沒有藝術相關活動與景點呢？參觀博物館、美術館、藝術展覽與藝術表演、節慶活動等，不但是透過與美的事物的接觸，增加自己的美感經驗以提升自我品味，也是更加認識當地文化歷史與特色的好方式。另外，透過參與一趟符合當地特色的節慶活動，可以讓你的旅程更道地，留下更深層的回憶。

　　有參加過台灣日治時期復古變裝遊行派對嗎？體驗一下當年在大稻埕，文人雅士齊聚，穿著符合當代風格特色的衣服，坐上人力車漫遊，彷彿有種穿越時空的感受。日本花火節時，一起穿著浴衣，前往看煙火吧！穿著熱情的海灘衫，在充斥熱鬧聲光下，大口喝啤酒的啤酒節等。巴黎的白晝之夜參加過嗎？從晚上 6 點到隔日凌晨 6 點，整個晚上分散在各區的各類當代藝術表演，讓整個城市成了一個大型的 Party。台灣的媽祖遶境活動中，看到宗教神明充滿耀眼光芒的裝飾，聽著傳統樂器的節奏，整體視覺聽覺都無法離開這具有台灣重要傳統意涵的文化節慶活動。

　　透過各式各樣節慶活動，除了可以看到平時看不到的風土民情、傳統或新潮景象外，有別於一般旅遊的行程，你可以更加融入當下，甚至忘記平時忙碌的生活，專注沉浸於當

下。

　　人文藝術之旅，主要著重的是各式與自己相同、相似或不同的國家、人民、生活習慣、禮儀習俗、語言、飲食、穿著、住宅、運輸方式、休閒、教育型態等多面向之集合。通常透過一次旅行，我們能夠注意到美的相關內容僅限於表面，其中最明顯的就是語言上的差異，以及文字上的使用，因為文字是一個國家識別系統中重要的意象傳遞。旅遊過程中，透過文字的指示便是非常重要的一件事情，因此若是安排許多的文化意涵於文字裡時，好處是讓旅客多了許多文化意義的探索，強化旅遊該地時的體驗；壞處則是無法一目瞭然，降低旅遊便利性。

　　就算同樣是中文，不同地區會有許多不同的表達方式與類別，例如電影命名的差別過往最常被舉例的就是電影「Mean Girls」，中國大陸的翻譯為「賤女孩」，而台灣則轉換成符合當地習慣脈絡以彰顯電影內容，譯成「辣妹過招」。一種是形式上的直譯，另一種則是傳遞電影內容的翻譯方式，兩種皆有其優劣。不過，若以傳遞文字動態感的角度來看，就會發現箇中差異。但換句話說，這也表現出兩地電影消費族群對於文字使用之差別。

　　不過，中華的漢字文化深遠，透過文字藝術傳遞更精準、深刻內涵、或是暗喻等的情況也是常有的。菜餚名稱就是最佳的證明，許多意義深遠的菜名或許無法讓初次品嘗者，直接從名字上了解其內容，但是進一步得知其背後含意與由來時，必定會對此感到驚訝。並留下深刻的印象，例如佛跳牆。另外，若使用該國的文化獨有的藝術手法書寫文字，也是一種具有強烈文化辨識的美學元素傳遞。例如，中式毛筆書寫的中文，粗細之間能感到不同的質地外，透過毛筆字的文字書寫，讓人一目了然的意識到：這是中華文化！

像是西式的英文字母搭配鋼筆字型也是一種一目了然文化差異的方式。

　　接著，很容易讓人清楚辨識的元素——顏色，在不同國家、文化、區域、宗教等，都會有自己愛用的顏色以及其重要代表意涵。例如中華文化中的金木水火土，就個別有代表顏色。

　　火——紅 (赤) 色，同時也代表南方，也是中華民族中頻繁使用來作為吉祥、喜氣的象徵顏色。土——黃色，代表方位的中央。因為是生命源起的顏色，具有根源、根本的重要地位，也讓過往眾多中國帝王作為御用之至尊顏色。另外，黃色也是佛教推崇使用的宗教代表顏色，由此證明其對於中華民族的重要之地位。木——藍色、綠色，或合稱為青色，代表方位為東邊，有春天萬象更新的意義。藍色對於中華民族來說，係屬平民百姓常用於衣著上的色系；而綠色則是屬於更低一階人民衣著用色的代表。金——白色，代表西方與秋天的顏色。白色對於中華人民來說，一直都有白即是美的審美概念存在。水——黑色，代表北方與冬天的顏色。黑色為傳統中華藝術水墨的重要元素，與白色形成道教陰陽兩極之太極學說。

　　即使是與中華文化根源密不可分的台灣文化，漢人渡海來台發展後，與原住民的融合以及經歷西班牙、葡萄牙、荷蘭、日本等他文化的延展融合後，也形成了自身獨有顏色運用上的差別。例如，台灣交通部觀光局於 2016 年對日本旅遊市場，就以色彩為主軸，推出名為「Meet Colors！」的宣傳影片，其中以希望的紫、悠久的紅、靜謐的長青、優艷的粉紅、感嘆的黃、衝動的綠、夢中的天空藍、誘惑的銀、無敵的藍等數種顏色為主題，彰顯台灣旅遊之美。

　　這些顏色上的運用與挑選，就形成一個文化形塑給旅客

◀華人對於紅色的喜愛，充分表現在各式節慶上，尤其像是婚禮如此喜氣的日子，代表吉祥與喜氣的紅色，就更不能少了。

的既定文化印象；到了 2018 年再次拍攝宣傳影片「Meet Colors！」時，整體色彩的使用，就多了一些民國氛圍的氣息、鮮紅、傳統中式建築的導入、各式文化建築的融合，以及潔白純淨色系的運用等。無論你是否認同這些顏色代表台灣，但是在對外宣傳時，外籍旅客所認知到的台灣印象，就會慢慢透過這些宣傳影片形成，進而培育出心中的「台灣顏色」。

和東方文化的顏色用法相比，西方在色彩的使用上就有一些相同和不同之處，例如在中華文化審美觀中，白色有代表死亡哀悼的意義；日本文化中，白色則象徵純潔無瑕，例如日本新娘的傳統禮服——白無垢，而白色在西式婚禮的禮服上也有類似的象徵意義。白色在不同文化、用途下，具有不同層面的觀點，同時包括純潔與恐懼的崇高感。不過提到白色，反應出不純潔或是不夠乾淨的世界同時，剛好也可以延伸提及，透過旅遊可以去觀察各國、各文化在各式各樣美的形式下的最基礎點——衛生與整潔。

　　其實，世界各國各文化隨著長期的發展與大眾價值觀的凝聚，對顏色、造型、美的形式原則的運用，會愈來愈彰顯出自我獨特風格的美學特色所在。身為一個外來旅客而言，靜靜的觀賞其中和自己生活環境不同的特色，並不隨意批評，其實就是一種欣賞他人文化美學的最佳方式。不過，有一種情況，其實最容易造成負面的美學觀感，那就是髒亂與臭——最基本的清潔衛生問題。因為，髒亂與臭會掩蓋掉人類設計原本欲傳遞的美學意涵，進而造成觀賞者的情緒不悅感，更可能無法進一步去鑑賞進階的文化美學內涵，最終造成負面的回憶。

　　旅程中想觀察一地的人文特色與美學，有一項非常明顯的，那就是碩大的建築物與建築群。這些建築的造型、用色、選材等，都彰顯出該地該國該文化的獨特風情。有時這些建築體不一定符合旅客個人主觀美感，不過身為旅客的我們，更應該進一步深入去了解，它們的存在為何？以及為何如此存在？因為這些建築物都是該文化、歷史、藝術史等脈絡下的產物與結果，例如，埃及金字塔、羅馬神殿、荷蘭鹿特丹的方塊屋、鉛筆屋、水管屋、日本神社、泰國曼谷大皇宮、中國大陸天壇等。

它們展現的不只是高超的工藝水準，還包括該文化的美學風格、以及其思想、價值觀、願景等人類文明的結晶。例如 UNESCO 非物質文化遺產中，巴黎，塞納河畔 (Paris, the Banks of the Seine)，整體文化遺產面積範圍很廣，起始從聖路易島的蘇利橋 (pont Sully) 開始，至艾菲爾鐵塔前的耶納橋 (pont d'Iéna) 為止，這段距離中的各項景物，包括哥德式風格的法國巴黎聖母院、現代與傳統結合的法國巴黎羅浮宮、展現法國強大的工業能力的艾菲爾鐵塔等，這些建築不只擁有形式上的美，更見證自西元前二百五十年迄今，歷史與文化的更迭。

自羅馬帝國一直到法國大革命、拿破崙成為法國第一共和執政下法國人的皇帝、數次世界博覽會等重要事件，見證歐洲局勢的高潮迭起，自身也經歷數次天災人禍的毀損與重

▲巴黎塞納河畔除了本身河流的自然美外，兩旁的建築物形式上的美，與曾經在此發生過的大大小小事件與故事，以及鄰近巴黎發源地地緣上的關係，使它的美不僅止於表面，還有更多層次的內在美的存在。

建等經歷。因此，她們美麗外表的背後，可深藏著各種蘊含多重文化與歷史的「意義」。例如巴黎發源地西堤島上的聖母院，除了展現出哥德式風格高超的建築技術外，外觀上為數眾多的精緻雕刻雕像，每一尊都帶有豐富的故事性。例如：羅馬時期，許多定居在此的漁夫，為祈禱漁船安全出行，在聖母院原址建造有聖經故事的人物雕像與彩色玻璃的寺廟，但當今典型哥德式教堂的聖母院，早已不是當時的樣貌。

另外，擁有眾多雕像的外牆，是聖母院的一大特色，每一尊雕像背後都有著豐富的故事與歷史。像是聖母院門上手持頭顱的雕像就是被稱為法國守護者且為法國第一個主教的聖丹尼 (Saint Denis)，這尊雕像背後的神蹟故事，可是讓人瞠目結舌的。再者，原為法國國王皇宮，自法國大革命起開放成為平民百姓欣賞藝術的羅浮宮，除了收藏遠古至 1850 年的「寶藏」外，皇宮所遺留的過往皇室物品如皇冠、權杖，以及皇室家居的室內裝潢擺設等，也都是成為藝術賞析的重要元素。後來，貝聿銘於羅浮宮前建造的現代化玻璃金字塔，更充分展現新舊間融合的衝突美感，也成為羅浮宮的新形象指標。

同樣在法國大革命時期，塞納河旁曾監禁瑪麗·安東妮 (Marie Antoinette) 的古監獄 (La Conciergerie)，以及協和廣場上她與夫婿路易十六被砍頭之處，都是富含濃濃的故事與歷史意義。再者，此遺址也看著人類不斷邁向文明與現代化的歷程，例如拿破崙三世命令塞納省省長奧斯曼改造原先相當老舊，且影響巴黎人民生活品質的基礎建設與衛生問題，並重建道路形成寬闊筆直的交通網絡，及增建市區內的公園等城市規劃與改造，不僅改變巴黎人民的生活品質與城市景觀，更成為各國爭相學習的城市再造優良典範。

最後，為慶祝法國大革命 100 週年所建造的巴黎鐵塔，雖然鋼鐵式風格與古色古香的巴黎具有極大差異，造成當時大量批評輿論。但後來巴黎鐵塔卻成為巴黎的驕傲，甚至是法國的代表象徵符號。而後，巴黎仍不斷進步，並展現自己的驕傲，為辦理 1900 年的世界博覽會建設的大小皇宮，所採用鋼筋力學結構，也是力與美展現的最佳結合。

身為 UNESCO 文化遺產的巴黎塞納河畔，讓我們了解到要成為一個聞名全球、具有保存意涵的文化遺產，所需要背負的不只是表層藝術美感上的精緻與細膩外，背後歷史悠久所賦予的包袱或故事，更是這一座座冰冷冷建築體或是景點、景物，能夠開始有溫度，吸引人不斷前往體驗感受的原因。所以，在此也點出，探討到人文藝術之美時，表面形式可能不足以帶出客體動人的感受，往往添加融合其內涵、歷史或故事之後，方能刺激旅客感觀，並進一步觸動心弦。

關於建築物，還有一些你需要知道的事。建築物是人用的客體，所以其建造時，一磚一瓦以及各空間位置擺放等，都有其背後意義。因此古代宮殿往往都是旅客出遊時必去之景點。心有餘力才能美，所以宮殿之美不僅在其歷史上崇

▼巴黎聖母院是一座充滿歷史、文化與傳奇故事的文化遺產，典型哥德式建築的樣貌加上眾多的裝飾與雕像的外觀，以及它於宗教領域的地位、還有眾多過往歷史重要事件與此舉行等等，使得它成為法國或巴黎一大重要象徵符號。因此，也吸引了眾多的旅客或是教徒到訪朝聖，無論欣賞其建築之美、感受其神聖氣息，或是虔誠朝拜等，在在彰顯出巴黎聖母院於世人心中的重要性。

▲當代羅浮宮的美，在其建物的新舊融合。由知名建築師貝律銘打造的透明金字塔，至今已成為羅浮宮的重點美學符號象徵。不過，當時建造初期可是引發過軒然大波，但是隨著時間過去，加上了解其背後的藝術理念，人們漸漸習慣前衛與傳統的融合，對於羅浮宮營運管理的新走向也有所助益。許多旅客甚至把透明金字塔當作羅浮宮的識別指標，拍照打卡可不能沒有它呢！

高、優越、輝煌的痕跡，還在其設計、建造、雕刻、展示等，以及運用各式各樣意象與符號，帶出建築象徵地位之用心。畢竟，宮殿往往都是某時代的權力中心，也是權貴聚集之處，因此其中大小結構上的在意與細節上的講究勢必不可少。

　　所以，能夠欣賞到的美景美物，不但具備時間的意涵、形式表面上的愉悅外，也需要仔細閱讀其融合、搭配等背後內容意義所在，方能更深入讀懂宮殿之美。例如曾經身為皇宮的北京故宮，進入後會發現其層層關卡，愈往整座宮殿的核心邁進，建築外型也愈顯高級尊貴，接續就會見到皇權的象徵——太和殿，見到其氣勢非凡的形式外貌、過往豐厚的歷史痕跡，以及歷代人中之龍總在此常駐等綜合形式內容的加持下，是否會有點情緒上的牽引，或是感動，或是感受崇

高，或是感覺愉悅呢？另外，城池、城牆等展現出保衛區域、國家的建築體，雖不一定在外觀上有絢麗奪目的繁複裝飾，但是當旅客觀賞時，必然也會對於其保衛國族的功能性產生正向的情緒反應。

雖然各國、各文化和各宗教可能大不相同，但是宗教對於多數人民生活的影響，可不容小覷。因此，宗教的重要性，也透過符合該特質的美學展現於景點中。許多東方的寺廟，外觀有著奪目的用色、雕刻以及遵循與符合該宗教信念下的美的形式與原則的展現。例如，東方神明的寺廟中，通常容納了眾多精心打造、光芒閃耀的神祇雕像，精緻的工藝讓人不得不歎為觀止，也對於東方藝術的呈現，有了更多敬佩之情；西方教堂內神祇雕像擺放較少，多半使用木頭或石材等單一材質打造，而且常以耶穌受難釘十字架等時刻，作為雕像打造之景象。這兩種不同美的呈現，也傳遞出不同的宗教文化下的價值觀與信念。

所以，其實從寺廟、教堂、清真寺等宗教建築中，我們除了可以仔細觀察不同宗教文化下的美學風格外，我們也可從中推測相對應人民的思想、態度與價值觀，不但能讓我們的旅行獲得美的薰陶外，同時也可以提升自己認知思考推測的能力。在泰國清邁老城區中，為數眾多的寺廟各個有其外觀建築的特色，而且許多象徵性的符號雕刻，值得旅人一一去挖掘、蒐集與認識。另外，赤腳坐在木頭地板上，靜靜聽著誦經的聲音，心情頓時會平靜下來，舒適的體感、穩定平和的聲音讓你的聽覺帶著你的情緒與思緒漸入平穩，使你的心靈得到平靜，或許也是一種新的啟發。

另外有一種建築物是比較親民一點的，那就是當地人曾經住過的房子。例如荷蘭小孩堤防 (kinderdijk) 裡的風車，它除了用來風力發電外，同時也具有居住功能。所以仔細觀

察其房屋結構、裝潢設計、牆上擺設、器皿使用、家具使用等，可以嘗試揣測當時這戶人家的經濟狀況與生活品質。

另外，透過當時服飾上的展示也讓我們彷彿回到當時，充滿異質空間的感受。小孩堤防是 UNESCO 遺產保護地，所以很多的設備都還有維持當時情況，讓身心感受回到過去其實相對容易。不過，周遭遊客眾多、充斥著各國的語言，或許會讓人抽離那份已浸入的心情，不過這已經算是很棒的回到過去的體驗方式了。

在小孩堤防這個地方，有自然與人文的景觀並存，對於自然景觀的感受，就像是康德的美學那般，看著這些無目的性有目的存在的自然景物，心曠神怡，透過視覺、聽覺、觸覺所看到的美景、自然水聲與蟲鳴鳥叫聲以及風的觸感，不僅讓我們透過身體了解此地，更能理解當時為何此處作為一風車聚集之地的感受。這種美感就如同康德講到的 pleasure (快感、愉悅感)，自然而然的，不求目的的。不過，在風車裡頭，感受到的是當時人所展現出的一種生活

▲小孩堤防的風車景象。在此雖然保有眾多自然美景，然而其也是一種人類為求自身需求而存在的。像是每一座風車的風力發電需求外，風車內部以及周遭所留下人類生活的痕跡，被保留下來也是一種難能可貴，讓我們有機會觀察的平民百姓之生活美學。

▲中國大陸上海市的東方明珠電視塔，是未來主義風格建築的重要典範之一，未來主義建築，多半運用比較前衛的造型特色去打造，傳遞出一種對於未來與科技的想像。對於旅遊美學的認識，除了表面上形式的欣賞外，形式背後各式各樣的主義、風格、類別等，都必須進一步去探究與了解。否則若只是批判其美醜，最多僅是彰顯個人的感受，對於他人來說並無任何意義。

美學，窗外看著戶外的自然美景和轉動的風車，臆測當時住在此地之人所看的景色與感受，而這一切的設置都是人為營造生活的結果，這種感知的藝術是來自於舒適、美感、舒服等。另外，器皿的選用與家具的擺設都來自於房屋主人的喜愛與美感，從中可以嘗試猜測他的個性與特色。

所以，欣賞不同國家建築之美時，除了從外表形式進行審美外，也可以增加自己的知識基礎，判斷每一種風格的建築特色為何。因為，不同的建築風格延伸出的是歷史文化的底蘊，因應發展當時的環境、社會與人民價值等而生，這些抽象的概念，都透過如此的建築形式，予以具體化展現，並且保留迄今。

人文藝術之美，有時可以透過參與旅遊目的地的節慶活動，去接觸更具有當地傳統文化與特色的事物。隨著世界各國紛紛現代化以來，多數人在平時衣著上的選擇會拋開傳統，選擇更高科技、更符合世界潮流趨勢的衣服。唯獨舉辦傳統節慶時，才會再次穿回。例如在 2015 年詹姆士・龐德電影《007：惡魔四伏》(Spectre) 開頭墨西哥場景中的亡靈節 (Día de Muertos)，其與萬聖節及清明節類似，是家人和朋友團聚在一起為亡者祈福的日子，也是墨西哥的重要節日之一。除了祭拜逝者外，類似主題的慶祝活動中，會看到許多骷髏造型的衣服、墨西哥風格的服飾、鮮花頭飾、鮮花妝點的帽飾、墨西哥傳統舞蹈、女郎身上與頭上花朵造型等。

另外，台灣元宵節的平溪放天燈、泰國水燈節放水燈等，一大片發光體於黑夜中飄動，那種碩大之美，閃爍之動態感，真的美不勝收。再加上每一盞天燈與水燈，都帶有對個人、家庭、社會、國家或甚至世界的正向祈福心願，促使這一片美景，不但是眼睛的愉悅外，心中也會感受到溫暖。

荷蘭阿克馬起司市集 (Alkmaar cheese market) 定時重現過往起司交易場景的表演活動，傳統的起司搬運器具、搬運工人以及起司女孩的服裝等，都一一再現。其他的節慶還有華人春節放鞭炮與舞龍舞獅、端午節的龍舟競賽與吃粽子；泰國新年水花四射的潑水節，透過水來期許新的一年幸福到來消災解難、水到病除等等。

　　除了透過節慶感受最傳統、最有文化特色的文化美學外，藝術也是一項非常好的方式。你聽過唐玄宗與楊貴妃的愛情故事，你曾經看過在依山傍水的場景上，透過歌舞的方式將這美麗的愛情故事重現於今嗎？美麗的楊玉環在美麗的湖泊上漫舞，地上激起漣漪的水花，在另一頭，燈光打在山上的唐玄宗，而他正在思念著楊玉環。在結合自然地景與人文歷史的表演薰陶下，勢必讓這場觀賞體驗的回憶，繚繞心

▼荷蘭阿克馬起司市集的傳統起司交易表演，現場不但能看到過往如何進行起司的交易，當時的器具、人們的打扮、起司堆疊的方式等等，讓你彷彿穿越時空，回到過去。甚至你還可以去體驗搬運起司呢！這就是最有趣的旅遊體驗啊不但穿越不同文化，還穿越時空呢！

▶貴州特色表演劇場，
如夢似幻的美麗場景、
優美炫麗的舞蹈表演
等，還有讓人膽戰心驚
的特技表演等，都是透
過感官刺激，牽動著觀
賞者的情緒，一時沉溺
當下，一時又心驚膽
跳。相信這樣情緒的牽
動，絕對讓每一位初來
乍到的旅客，留下深刻
的印象。

中千百回。透過實境的歌舞劇表演，讓你在欣賞美的表演當下，置身在那段熟悉的愛情故事裡。

因此，觀賞旅遊目的地的特色文化表演節目，有助於透過絢爛的舞蹈姿態、特技表演、服裝打扮、燈光音樂與特效等，滿足視覺和聽覺甚至味覺的愉悅感的同時，也更加認識當地的文化特色與故事。

有時候看一個特定藝術家的博物館，就好像在經歷他的人生。就像是在荷蘭梵谷博物館，你可以看到梵谷最完整的畫作，再搭配著梵谷寫給他弟弟 Theo 的信之文字內容，透過導覽的講解，對於畫作當時的繪畫心境，更是貼近藝術家本人。甚至可以仔細觀察畫家本人繪畫作品掛置的方法與順序，那種體驗畫作一生的感受，更加深刻。

你知道梵谷非常喜歡林布蘭的〈猶太新娘〉(*The Jewish Bride*，約 1665 年繪製) 這幅畫嗎？甚至希望用十年壽命，換取自己能坐在這幅畫前的時間。你知道他是在哪裡看到這幅畫的嗎？1885 年梵谷在荷蘭國立博物館 (Rijksmuseum) 開幕時，便坐在此畫前仔細端詳林布蘭的傑作，並且因此愛上了這幅畫。欣賞著畫上細緻的描繪以及高超的繪畫技法等，也引發梵谷後來在畫作運用許多厚塗法 (thick daubs)，因而創作出眾多著名的傑作。

當你前往荷蘭國立博物館前時，坐在〈猶太新娘〉這幅大作前，除了觀賞林布蘭高超的形式呈現外，是否也能如同梵谷上身一般，嘗試去思考觀察，體會當時梵谷的心情呢？除了感官上的愉悅外，是否也可以從中獲得認知上的思考、反思，並進而提升自己美的鑑賞能力？

其實，旅遊過程中，各式博物館與美術館裡頭的作品除了其表面上的美醜外，還有崇高、荒謬等畫家想要表現出的情緒感受目的。例如，觀賞梵谷早期畫作〈吃土豆的人〉

時，單純看這幅畫，黑嘛嘛的，不一定大家都覺得好看。甚至，當時梵谷也被朋友嘲笑說，這是漫畫而不是油畫，而讓他一度懷疑自己。不過，只要你了解梵谷畫這些農民背後的含義，例如他畫他們正在用手吃馬鈴薯。而就是這雙手，為人民種植出每日必需的糧食，所以在梵谷心中他們是比貴族更美的，可見梵谷講求的是一種內容內在的美感。另外，梵谷用暗暗深深的顏色，這些顏色剛好呼應農民最常接觸的土地的顏色，來進行繪畫，所以那不是暗，而是帶出對農民濃濃的敬重。

　　或許你會認為你看不懂，但是你可以嘗試從畫作內容中揣測畫家的背景，例如：雷諾瓦畫中出現大量的中上階層人物與休閒，就彰顯出雷諾瓦本身富裕的家庭情況；梵谷畫中勞工階級的呈現，也呼應他的價值觀，如此融入猜猜看的遊戲，不就增添了欣賞畫作的樂趣。透過藝術的欣賞來提升自我美感經驗與審美判斷的能力之優點，在於這些作品多半來自於對於美的學習與產出具有多年學經歷之藝術家，從學有專精的人身上習得的美，對於自己美學能力的提升相對會更精準與有效率。

　　不過，你是否曾經想過在這些知名博物館中，這麼多人又這麼吵雜的情況下，要如何好好觀賞一幅絕世巨作呢？真的！藝術欣賞的體驗，是結合多重感官的。如同 John Berger 在《觀看的方式》(Ways of Seeing) 裡頭提到的，當你欣賞一幅畫作時，搭配不同的音樂，你會有不同的觀賞情緒與詮釋；不同的畫作順序安排，對一幅畫觀賞時的情緒與詮釋，也會因而有所不同。而當然，當背景聲音吵雜時，聽覺感官就受到影響，帶起你雜亂的情緒反應，另外人一多，觸覺感官感到一種人與人太過靠近的壓迫感，也會帶出情緒上的不同。所以，當然你會認為相較於安靜、少人的展

▲梵谷的著名畫作〈梵谷的椅子〉(左圖) 中有一張質樸的椅子。筆者在荷蘭找到類似的椅子時 (中圖，請看椅面的部分)，就彷彿像是蒐集到一個符號一般。雖然那只是張再平常不過的椅子，但是這椅子的形體樣貌與材質，與我們在台灣常見的有點不同。加上這張椅子畫作，背後擁有著梵谷與高更間的故事 (梵谷畫了〈梵谷的椅子〉與〈高更的椅子〉(右圖)。不過在〈高更的椅子〉畫中，梵谷畫了一張材質比較昂貴的椅子，代表了梵谷心中的高更比他更成功，而且椅子上的法國小說呼應了高更比較有想像力的角度；而梵谷的椅子，材質簡樸粗糙，上面放了根菸斗，傳遞出因高更離去而孤獨的感受)，更是讓人覺得特別有趣。(圖片來源：WikiArt)

館，更無法好好地觀賞畫作。

在國外美術館中，看見與自己相關或是熟悉的人事物，對於該國該文化造成強烈的影響，會不會帶給你一些不同的情緒呢？像是日本浮世繪對於印象派畫家們造成強大的影響，所以常常融合展現在其畫作當中。對於同樣是東方人的我們，看著自己熟悉的事物出現在他鄉而且還被重視，心中的悸動與感動肯定不會少。另外，像是荷蘭的特產藍陶，不覺得與我們常見的青花瓷很雷同嗎？沒錯，藍陶確實是大航海時期開始，從中國外銷青花瓷過去荷蘭後延伸發展而成的。這樣的文化歷史是不是也很讓人感到驕傲呢？

懷舊文化之美，對於許多現代年輕人或許不能接受、對於該國該文化的人民來說，可能是老派、俗氣的特色，這些或許是未看過或是曾經經歷過的人感受到美的景點景物。這

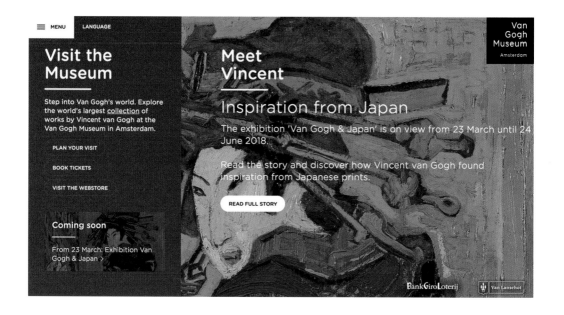

▲梵谷博物館的日本浮繪特展，展出許多浮世繪名作，從中可以看出梵谷與其他印象派畫家是如何受到日本浮世繪的影響的。觀展過程中，對於自身身為東方人會多了一種榮耀感受。(圖片來源：Van Gogh Museum 網站首頁)

些懷舊文化或許是被所遺留下來的海報、物件等，有時在外表上也許已老舊，但是背後帶有的意涵與歷史歲月，卻讓有興趣之人感覺愉悅。

　　相反的，流行文化之美，也是一種美學體驗的最佳方式。例如去韓劇拍攝景點旅遊時，雖然表面上好像只是在追星，但是這些拍攝景點的發掘、設計或改造時，勢必都融入美的思考與概念，否則也不會被電影與戲劇導演選為場景之一。再者，進入一個個曾經是偶像劇場景的地方，也會讓曾經經歷過那段追劇時光的粉絲們，再次更深刻地透過回憶、加上實際五感的接觸，再次把情緒帶回看劇時的心情，無論是悲、無論是喜，這一連串的五感、情緒、認知互動的過程，勢必會帶給追星的粉絲旅客們，一段難忘的回憶，當然拍照打卡所獲得的相片、影片可以保留更長久，也是極為珍貴的。

　　除了真人明星之外，當代資訊科技發達所創造出的虛擬明星流行文化，也是審美之旅不得不體驗一下的。像是 LINE Friends 家族明星們，他們雖然都不是真實的人類，但隨著通訊軟體發達，我們與 LINE Friends 可愛的成員接觸的時間與頻率是很長又很高的，與它們的情感連結，也更加濃烈。所以，到了韓國就不得不去拜訪一下他們。相信此時，你又會想說這和美學有什麼關係？我只能回答你，當然有關係啊！不然為何你會看到他們時，感受到興奮、愉悅、開心等正向情緒，並且大喊著可愛呢？

　　人文藝術之美所涵蓋的範圍非常廣大，所有人類的產物都涵蓋在其中。然而，由於文化、價值觀、美學觀等不同，其產出的外表形式特色，就會與你的觀念與想法有很大的差異。所以此時，不要急迫的進行審美批判，因為或許你所見到的人文藝術客體背後，有著讓你感動的故事，讓你接受這客體而產生更多正向情緒與感動。礙於書本僅能呈現文字與圖片，其實其他人文藝術範圍中，聽覺、觸覺、嗅覺與味覺等，都扮演著非常重要的角色。

　　例如，世界音樂以及各地的民俗音樂，那都是傳遞當地人們情感的管道；不同文化服飾的布料使用，呼應了當地人們的美感以及氣候，穿上它們和使用它們，或許可以得到從未接觸過的觸覺新體驗；某些特殊的味道，像是寺廟中檀香香氣，就算你本身不是信仰該宗教，但是你聞著聞著，情緒心情自然而然平靜下來，離開時甚至可能會有煥然一新的感受；味覺就更不用說了，許多飲食文化對於旅客留下該文化的味道，讓旅客難以忘懷，追憶不止。

▲Line Friends 家族成員的大型拍照人偶，吸引大小朋友和他們合照。他們可愛的模樣與獨特的個性，讓每一個使用通訊軟體的人，都對他們留下深刻的印象或是產生個人偏好與連結。這種美學體驗，雖然不是走過往傳統認為的高層次之美，但是流行文化所帶出來的美學體驗，貫穿在生活周遭，不斷在生活中刺激著我們，影響著我們，如此日常生活美學的融合，也是我們增加美學體驗，影響美感能力的最佳方式。

參考資料

1. http://kpnrijksmuseum.com/joodsebruidje。

2. 黃仁達 (2011)。中國顏色。聯經出版，台北：台灣。

3. 張哲生 (2016)。Meet Colors！台灣 (2016 日本地區台灣觀光代言人長澤雅美) (60s) 中文字幕。https://www.youtube.com/watch？v=BqhVWePfxQM。

4. 交通部觀光局 (2018)。Meet Colors！台灣 (2018 台湾観光イメージキャラクター長澤雅美) (60s) 中文字幕。https://www.youtube.com/watch?v=i7cYQ7cR6U8。

5. 劉天華 (1993)。旅遊美學。新北市：地景企業股份有限公司。

(圖片來源：WikiArt)

18
當代藝術
與美食的
對話

徐端儀

2017 年台北市白晝之夜活動曾推出「頁讀車輪餅」，以車輪餅小吃串聯閱讀設計與社造，策展主軸是把想法化為內餡，讓說書人引領細細品嘗，將符合書中情境的口味飲食化。無獨有偶，這一年高雄電影節也用了吃的主題。

為搭配「紀食人生」及「慾望之味」放映，特別企劃僅此一場的「香蕉哥哥 X 火球人手作廚房」活動……，「火球人手作廚房」是與深耕在地的帕莎蒂娜合作……，將一起動手做創意披薩──「1928 黑糖甜味披薩」。

高雄電影節的文案與白晝之夜的文青風格不同，字裡行間十分 KUSO，讓人有些不明就裡，與傳統藝術講求形式簡直南轅北轍。不過使用火星文可以立即招喚年輕世代，這與當代藝術的社會轉向不謀而合，藉由介入某些社會議題，引發迴響，進而產生改變的可能，因此作品可以是任何形式創作，甚至是某種行動或計畫，也不一定要在白盒子展示，場域不拘。當網際網路成為日常，美食節目如鋪天蓋地，IG 網紅也少不了美食秀，飲食已從生理機制進入日常美學，甚至開始深入比較裡層的探討，包括關心地方與人文，甚至生態共存的議題。

吃是生理需求，美食是感覺所有

飲食與審美的連結在於人有追求愉悅的本能。

休謨認為想像力豐富，感性敏銳之人，比較能夠品味與審美，康德也在這種基礎上提出美的無利他性，他認為審美不該有特定目的，能夠帶來愉悅的純粹之美不應局限形式規則，而且審美判斷的能力是一種共感，人生而有之。換句話

説，能夠帶來正面愉悅的事物都可以是審美對象，當然包括飲食與及其相關。

人有分辨味覺的本能，喜歡吃甜討厭吃苦是天性，美醜卻有很大相對，因為審美不只感官運動，還有很多社會意涵，關於美不美這件事，永遠很難説的清，有主觀成分，也有人云亦云。舉個簡單例子，就像葡萄酒、巧克力這些都是舶來品，要怎麼去享受，不是天生就懂，而是需要後天學習。因此美的感知存乎於己，觀看角度重於對象，怎麼看比看什麼影響還大。當然也不是美就毫無規律可循，它也有客觀性，基於人性追求安全，我們對平衡對稱的感受會覺得愉悅，但是感性，也就是感官的部分，是很個人的，身體五感各有自主，也互相結合。

人類最重要的味覺經驗是餐飲，但共感至少融合味覺、嗅覺、視覺，它是多重複合的體驗。當我們看到菜單有炭烤牛排，就會預期端上來的牛排要有烤架紋路，這是從視覺延伸出來的觸覺想像，而餐飲美學正是建立在這種感官共振之上。

「Gourmet」(美食) 最初指貪婪吃喝，後來引申為懂得酒，能辨別熟成與純度之人，然後又變成為美食家，從字源轉變可以看出吃美食早就超越生理。

每回留點時間小口吃，慢點吃，才能讓感官發揮，囫圇咀嚼只有口腔運動，吃的細膩是抓不住的。不過對中世紀貴族來説，用餐本來就是展演，因此有許多誇張的用餐方式，後來義大利梅迪奇家族將這些帶入法國，並且發揚光大。

接著印刷術讓美食在文學以及評論留下書寫，更帶動了許多烹飪書籍的問世，美食從此進入日常，讓烹飪從技藝提升到廚藝，用餐不再只為口腹，還有娛悅，米其林的出現更是經典。

▲飲食是多重感官體
驗。(圖片來源：徐端
儀)

餐桌禮儀與裝飾是隨著烹調技術，以及上菜順序而產生
的文化。中古餐宴是一輪一輪的堆滿滿，桌面已擠不下個人
餐具與裝飾，自然也沒機會展現禮儀，後來改為一道一道的
俄式上菜，桌面有了空檔，才慢慢出現瓶花以及雕像、燭台
這些靜物畫常有的素描對象。不同時期的桌飾反映了當時工
藝、貿易的歷史演進。

2010 年聯合國教科文組織 (UNESCO) 已將法國盛餐列
為世界文化遺產。西餐對飲食的講究受法國文化影響最多，
有世代傳承，也有創意轉變。在一般人心中，法式餐飲是高
級代名詞，甚至成為法國重要象徵，用餐時的流程、禮儀、
酒菜單、裝飾、酒水等等，都涉及生理以外的精神層次。

那麼，「Gastronomy」(美食學) 是否也算當代藝術
呢？

藝術的定義其實一直在變，從古希臘開始藝術被分為自
由與庸俗，認為勞心優於勞力，有高下判別，中世紀延續此
種概念，只是將自由改為機械藝術，進而區分類別。直到

十七世紀，逐漸形成共識，從古至今藝術語彙或許不同，訴諸唯心還是多過感官，認為所謂藝術應該追求純粹凝視。

　　承上所述，飲食因為無法久存，重複性高，以滿足生理需求為先，似乎與藝術恰恰相反。不過，當代藝術偏重思想，自從二十世紀達達主義杜象用了現成物呈現藝術，從此顛覆形式至上，藝術就不再是過去想像中的那個。以觀念為主的偶發、關係藝術等等，重視短暫當下，不追求永恆。科技帶來多媒體藝術的潮流，更讓藝術觀念不斷翻轉。

　　總之，當代藝術旨在回歸日常，關注我們現存的世界，如此一來，將飲食納入當代藝術似乎也無不可，但事實並不然，畢竟自康德以來，藝術就被認為是精神的、崇高的，飲食則停留在技藝，有高低判別，一時很難翻轉，加上又不是所有餐飲都像米其林一樣底蘊深，大部分還留在「吃」層次，能夠與藝術結合的不多，懂得當代藝術的更是鳳毛麟角。

　　米其林、甜點、主廚、甚至醬汁文化都是西方產物，基本上當代藝術也是，兩相結合並非不可能。近年來與飲食相關的藝術展演愈來愈多，德國卡塞爾文獻展就曾有相關策展，卻因無法現場展示廚藝，被認為有局限，備受熱議。

　　70 年代興起的新料理思潮很重視創意，想法和當代藝術不謀而合，而且都重視跨界，讓廚藝與藝術的疆界愈來愈模糊，不過烹飪有複雜的味覺系統，當下的感官效果無法複製，局限還是在，還要對藝術有概念，淬鍊出你自己的見地，當你的論述得到共鳴，廚藝才能提升到審美，關於這點，從廚藝出發的當代藝術很有未來性。

飲食是多向度的感官體驗

一、感官與味覺記憶

　　不同的人感官反應有強有弱，不只色盲，天生對嗅覺味覺遲鈍的人也有，只是感官有交互作用，有時單一感官較弱很難覺察。

　　人體偵測味覺主要靠舌上味蕾，舌尖對甜敏感，兩邊緣側是鹹酸，至於舌根部分是苦。當然很少有食物只有單一味道，食物經過口腔，咀嚼之後，舌上味蕾與口腔肌肉將訊息傳入大腦，與其他感官共震後做出味道判決，因此飲食不是口腔咀嚼而已，它是感官之合。

　　味道的接收來自舌上味蕾，事實上，味道有成千上萬個組合，一般所知的甜酸苦辣只是最大公約，而味覺與其他感官交互的例子很多，像是看到檸檬分泌唾液，看到咖啡想吃甜點，如果感冒鼻塞更是食而無味，但最特別的是味覺可以喚醒記憶。

　　嗅覺與視覺一樣是合成感官，並非單獨知覺，需要大腦將訊息整合。飲食的風味 (flavor) 包括味道、氣味與質地，所以用品味 (taste) 或品嘗 (savor) 概念，比單純形容吃喝更貼切。

　　《追憶似水年華》這本書是從普魯斯特聞到瑪德蓮與茶的香味展開序幕，記憶心理學以「普魯斯特現象」(proust phenomenon) 說明這種當你聞到某種食物香味，可以瞬間勾起塵封回憶。人們有許多深層記憶平時是不會觸碰的，嗅覺卻有這種功能，突然讓你想起過去的事，而且以幸福快樂居多。雖然這個瞬間如電光火石，喚起的記憶卻格外生動，甚至難忘。

這些複雜多層次的感受，從品酒之樂最能體會。此外我們日常所吃的蔬果，也是多種感官交織而成的整體風味。飲酒與蔬果有非常多揮發性香氣，是它們迷人之處，只是香氣由許多分子組合，當蔬果烹調後細胞壁被破壞，內容物釋出，揮發性的香氣不再，卻增加了味覺，那又是另一種風味的誕生，洋蔥與青椒類就是很明顯的例子。

烹調時加香料是為了增加風味，前面有提到溫度可以加速揮發，不過我們對香料通常有特定辨別，比如說從烹調香氣你可以認出有肉桂、荳蔻或胡椒之類熟悉的味道，這是因為某種香氣分子中特別顯著，或者另外組合成了一種新的特殊味道。

視覺為感官之最，不但最容易覺察，還是辨識食物的首要。我們對食物顏色已有既定印象，如果柳橙汁是葡萄色的你會質疑，反過來說葡萄汁是柳橙色你一定也不敢喝。當食物遠遠端過來之前我們就看的到，不像嗅覺要近距離才聞得到，觸覺要直接接觸才有口感，此外像食器的搭配，菜單的書寫等等，都會影響食慾。

過去五感體驗側重視與聽覺，覺得嗅覺、觸覺、味覺只是短暫接觸，過於生理性，但是現在又有不同見解。視覺發生通常會有距離，嗅覺、觸覺、味覺必須是很直接的身體接觸，而且感官還會交互影響。

對飲食而言，整體作用可能高過視覺，

▲ 蔬果有揮發性香氣是感覺新鮮的原因。(圖片來源：倪惠兒)

飲酒就是一例。古時喝酒多半是敬天祭神場合，對酒器十分
講究，現在是為功能，品酒最能體會感官之美，從觀看色澤
開始，聞其香，聽它注入杯緣的聲音，嘗味道，感受口腔殘
留的餘韻，將視覺、嗅覺、聽覺、味覺、觸覺都發揮極致。

　　西方自康德以來認為美是無利他，精神之美高過一切，
視覺和聽覺比較接近精神層次，嗅覺是較低層次的享受，不
值得鼓勵。過去宗教至上時代，嗅覺又與墮落聯想，人們應
該壓抑對香味的追求，拒絕撒旦誘惑。今天人們已不再受宗
教束縛，聞香終於除魅，回歸各種感官追求，只不過是人的
本能。

二、西方飲食演化論

　　毫無例外地，正午刺眼的陽光會照在桌巾，照在眾物光
彩奪目；蓄勢待發的餐桌餐盤，整齊排列在餐盤兩側的刀叉
餐匙，鹽罐在最尾端，屬量較少且較高的玻璃罐是行列的指
揮……(普魯斯特的盛宴，2014)

　　自歷史典故回溯餐桌禮儀始於文藝復興，人文學者伊
拉斯謨斯 (Desiderius Erasmus) 將禮儀視為個人外在的延
伸，而餐桌正是展現的重要舞台，伊拉斯謨斯的說法後來被
貴族廣為接受，用以區分社會階級不同。不過，中古時期上
菜程序繁複，貴族分坐長桌兩側，席間主菜一輪又一輪上，
那時還沒發展出個人餐具，不但難取食，主菜擺久易冷，全
程還另有飲料麵包，吃的過度是浪費。中古貴族飲食重感官
大於實際，這種情形直到法國大革命後，改為按順序來的
「俄式上菜」，西餐流程與禮儀逐漸完備，加上當時個人主
義興起，優雅的定義是不可徒手取食 (麵包除外)，如何在公

開場所操作各種餐具，遊刃有餘處理不同食材，就成了眾目睽睽下的展演。

　　大致在 20 世紀初，西餐模式已大致固定：

1. 開胃酒 (一般是雞尾酒)
2. 濃湯 (當時醫學觀念認為應先食用易消化的湯品)
3. 開胃菜 (通常是小份鹹食)
4. 前菜 (冷熱皆可，不過一般先上冷盤，而且以蔬菜海鮮居多)
5. 主菜
6. 乳酪 (味道由淡到濃)
7. 甜點 (非常重視，很少用成品)
8. 咖啡
9. 消化酒

　　餐廳 (restaurant) 原指恢復體力的精力濃湯，後來引申為販賣餐點的地方，法國大革命之後開始出現很多這樣的餐廳，當然裡面也使用個人餐具，餐具的複雜是依用餐禮儀而來，主要以刀、叉、匙三件為主，中世紀平民用手，最後再用麵包把湯汁抹乾吃掉 (這種習慣延續至今)，貴族起先用隨身佩帶的刀，割肉取食兼剔牙，後來才從義大利傳入叉子，不過那時餐具是全桌共用，舉凡刀叉酒杯都是，直到俄式上菜的出現，上菜方式從每一輪不同主菜混搭，變成一道一道順序來。

　　晚至 18 世紀中期以前，歐洲貴族用餐還是活動餐桌，後來有了固定用餐場所，個人餐具誕生，才逐漸發展出用餐禮儀。

　　個人餐具的原則以用餐者為中軸，刀叉依序左右排開，

▲在義大利的 Grotta Palazzese 餐廳，享受走入名畫般的美食體驗。(圖片來源：倪惠兒)

酒杯置於右前方，為了使用方便，叉子由兩齒變四齒，酒杯變很多種，禮節愈來愈繁複，不過因應現代社會快節奏，用餐禮儀又化繁為簡。

西式傳統上菜的繁文縟節太多，一般餐廳都在不斷簡化中，過去前菜與主菜之間還有中場酒，目的是要菜色轉換時清清口，現在不是換成冰沙，就是乾脆省略。還有乳酪分量也減少，或與其他混搭，唯一維持單獨性的是甜點，甜點和其他鹹食不同，有單獨設置甜點主廚，上菜時要將餐桌先清空，受到重視可見一般。

大約在 17 世紀的時候，西方逐漸擺脫節日大吃大喝，平日糧食不足的極端現象，吃的目的從生理變成感官。法國大革命後餐廳咖啡廳如雨後春筍般出現，貴族的沒落與布爾喬亞崛起，都為飲食文化注入新血，各種美食評鑑、食譜語文學的出現，代表新的生活型態正開始，吃不只生理，還有美的需求。

以桌布為框，身歷其境的飲食畫

一、18 到 19 世紀西洋繪畫中的飲食文化

古希臘認為人體由四種元素組成，分別是氣、土、水和火，為了身體健康，食物要吃相對應的屬性，才能維持體液平衡。

食物分類原則主要依生長環境而定，分為寒、熱、乾和溼四種，這種飲食習慣一直延續到文藝復興，人們喜歡把不同屬性的食物搗碎混合。此外烹調亦會導致變化，例如煮可以增加溼熱，烤或醃可以增加乾性，香料被大量運用就是因為乾熱中和不易消化的食物。我們現在葡萄酒佐餐的習慣，像紅酒配紅肉，白酒配白肉也源於此。而水果被認為太溼寒

了，是很難消化的東西，一般少生食，有趣的是靜物畫卻常常出現水果，除了視覺愉悅，還有宗教因素。

自從夏娃在伊甸園偷吃蘋果，水果在宗教文化就擺脫不了墮落、誘惑。在〈最後的晚餐〉中，雖然是耶穌門徒聚餐，但食物全部意有所指，在那個宗教至上的世界裡，吃代表犯罪，咀嚼代表不雅。

食物畫在早期歐洲完全不受重視，直到 17 世紀荷蘭食物畫的出現，才顛覆了食物畫在歐洲文化的地位。畫中鮮明的地方特色成為日後尼德蘭重要歷史佐證。

Nederland (尼德蘭) 史稱低地國，它是一個 15 世紀開始的共和王國，地理位置在今天歐陸荷比盧一帶，後來因宗教歧異又各自獨立，其中以荷蘭最出名。

在 17 世紀荷蘭黃金時期，藉著東印度公司擴張，航海貿易獲得極大利益，靜物畫就在重商的歷史脈絡下誕生。

從個別來看，荷蘭繪畫、飲食都不是最佳，飲食畫卻獨樹一格，體現當時宗教貿易與政治盛況。

雖然食物畫是畫家有選擇的再現，卻有一定真實性。過去繪畫只為宗教服務，飲食畫多以全景俯瞰，觀者感覺是站在遠方觀看，荷蘭飲食畫卻有身歷其境之感，觀看會有融入畫境的體感，構圖比較隨興愉悅，世俗性很強，顯示繪畫開始考慮觀者感受，不再只為上帝或貴族服務。

食物畫的轉變不是荷蘭才有，16 世紀卡拉瓦喬的作品就凸顯食物感官性，讓水果不再是禁忌，有了視覺張力。荷蘭飲食畫的特殊是讓食物成為繪畫主題，有很強的裝飾性，符合中產階級品味，在社交氛圍濃厚的畫境下，不只代表繪畫由宗教到人文，還展現許多航海貿易的財富象徵，像是香料、器皿、水果等等。

食物畫風格改變影響到後來夏丹、馬奈、梵谷與更晚期

◀夏丹〈剝蕪菁的女人〉(圖片來源：WikiArt)

的慕夏等人。夏丹 (Chardin，Jean-Baptiste-Siméon) 是 18 世紀法國寫實畫家，有許多題材與用餐有關，像這幅〈剝蕪菁的女人〉(*Woman Cleaning Turnips*)，構圖與宗教階級無明顯指涉，反而對視覺愉悅要求較多，畫面聚焦在桌上物件，而且器皿與食材看起來很平民。

　　工業革命之前沒冷藏設備，儲存食物靠醃漬，魚類因為運輸不便，大部分離岸要馬上處理，荷蘭因此發明先以鹽醃漬再用木頭煙燻的方法，可以保存更久而且增添風味。另一種油漬法是以橄欖油醋浸泡，歐洲冬季缺乏蔬果，醃過的菜嘗起來酸酸鹹鹹，很解膩。依地區不同，黑橄欖或綠橄欖在南歐 (黑或綠是看於熟度不是品種)，中歐有包心菜，還有最

多的酸黃瓜都是飲食畫常見的題材。

　　除此之外,醃漬需要用鹽,當時荷蘭掌握全歐鹽貿易,飲食畫中的鹽象徵財富,是荷蘭的黃金盛世的見證。相對之下,糖漬較少,因為歐洲不產蔗糖,用蜂蜜很奢侈,用香料(糖)更捨不得,那是拿來當藥吃的。

　　對了,你對喝酒了解多少?

　　你知道西方過去把啤酒當營養補給嗎?

　　所以大人吃,小孩吃,連早餐都吃……

　　啤酒文化開始得很早,中世紀修道院就開始釀啤酒,僧侶先把麥芽烘焙研磨再煮沸發酵,因此 18 世紀基督教地區就有「聖誕啤酒」傳統,歷史與葡萄酒一樣久遠,從西洋繪畫中可以見到不同口味與飲用方式,相對應的杯具也很多,夏丹的靜物畫以精緻出名,從他的作品可以看到很多細節。

▼夏丹〈小心的照料〉(左)與〈杏仁罐〉(右)(圖片來源:WikiArt)

◀夏丹〈飯前祈禱〉
(圖片來源：WikiArt)

　　當飲食畫不再說宗教故事，畫家本身的想法或技法才被重視，飲食畫的位階明顯翻轉，雖然題材重複太多，畫面模擬兩可，但以物質文化研究而言彌足珍貴，像夏丹〈飯前祈禱〉可以看出當時雖然吃的普通，但餐桌禮儀不馬虎。

二、香料貿易與工業革命的影響

　　香料在早期歐洲大受歡迎，除了可以增加食物風味，便於儲藏，還有藥物療效，甚至有壯陽一說。的確，當時貴族有飲食過度的問題，腸胃負荷擔重，人們相信「濕性」香料可以去除有害體液，所以餐後會吃些蜜餞或蜜漬水果，幫助

消化。

中古因為照明不足,烤爐只有貴族才有,廚房也是,平民作息依照日出日落,天黑以前必須吃飽。平常幾乎不碰生鮮怕壞肚子,食物要煮到全熟才敢吃,這種情形要等到工業革命,作息不再依教堂鐘聲而是鐘錶,加上中產階級崛起,每天要晨起早餐,下班晚餐,一日三餐的作息才慢慢固定。

從瓦特發明蒸汽機開始,20 世紀有了穩定電力,加上冷藏、運輸、印刷技術大躍進,飲食文化有了重大改變,酒類瓶裝就是一例。馬奈〈佛利貝爾傑酒店〉裡面琳琅滿目的酒瓶酒標,就是機械生產帶來的酒類文化。

西式盛餐通常搭配葡萄酒,過去葡萄酒有宗教和醫療等

▼馬奈〈佛利貝爾傑酒店〉(圖片來源:WikiArt)

▲慕夏〈默茲啤酒〉
（左）、〈餅乾海報〉
（右）（圖片來源：
WikiArt）

功用，中古時期酒類儲存在酒窖的酒桶，長途運送保存都很
不便，工業生產讓這些問題得到解決，尤其玻璃瓶裝讓容量
與品質穩定，有酒標提供充分資訊，菜單才開始有酒名，人
們開始選酒配食物，加上後來米其林助陣，品酒終於發展成
一門學問。

　　標準化的工業生產、冷藏與運輸，讓食材品質穩定，從
此不擔心生食不潔。此外印刷術的進步對菜單、酒單，甚至
飲食文學的影響也很大，同時也讓飲食畫出現更多可能。慕
夏 (Alphonse Mucha) 的作品又是一例，他與商業結合，畫
作裡面有啤酒、餅乾、香檳、干邑等等，成為充滿愉悅的廣
告藝術。

當代藝術有話要說，那飲食藝術呢？

　　傳統繪畫講大敘事，就算肖像畫也把風景當陪襯，更別提靜物畫中的食物，為了色澤好看，靜物畫中的食物都是烹調中的食材，並不是煮好的菜，因為重點根本不在表現飲食文化，學院體制主導下的美學也無法接受飲食成為藝術主題。歐陸傳統哲學思想把飲食局限在生理，未有太多討論，但以現今文化研究的角度而言，繪畫可以折射當時社會景況，像是文藝復興時期的北德畫派與後來的印象派，都精確地描繪了許多細節。在攝影術發明前，這類風俗畫不只是藝術呈現，還是歷史物證。

　　傳統藝術追求唯一、超脫與永恆，食物卻有無法重複與久存特性，還加上品嘗的主觀，所以和傳統藝術格格不入。過去古典號稱對美學形式的追求是客觀的，如今已被當代藝術一一顛覆，我們不能否認美學有其客觀，從古希臘羅馬以來對於秩序美的追求依然存在，當代藝術不是抱持反動，更不是決裂，是在追尋更多可能。在這種情況下，我們不得不問「飲食」是否也有納入當代藝術之可能？

　　美學經驗包括知覺與感官，前者與精神有關，後者是身體體感，兩者加總才是完整的審美歷程。當我們大腦接收訊息產生知覺的當下，同時也會產生想像，與情感交互作用以後產生個體記憶與未來想望，這些都可以藉由藝術表達，當然飲食也可以是藝術的中介，只是飲食有它的特性，也可以說是成為藝術的局限，創作者固然可以表達他想說的，品嘗這邊卻有相當的主觀性，而且稍縱即逝，每一次的創作都受周遭影響，料理人人可重複，過程又有太多變數，和藝術的永恆有所違背。

　　法式盛餐象徵共享與歡聚，2010 年登入聯合國非物質

文化遺產名錄，成功把餐飲由生理滿足提升到文化遺產層次，其中最能表現藝術之處，當然是裝飾的部分，再來就是相關飲食書寫。

　　過去對廚藝的認知是沒有專利，食譜也沒著作權，人人可做，換一點點又是你自己的，雖然有觀賞性，但是介於實用與半實用的料理書寫有點難定位。事實上目前團膳主廚仍占多數，嘗試與藝術結合仍是少數，這方面法式料理居功厥偉。吃很短暫，轉化文字才能傳承，書寫讓不具名的食譜有依歸，讓烹飪從實用跨界，才有後來美食書與米其林熱潮。

　　法國料理的源頭是義大利，但一般感覺義式料理比較家常親民，跟法式料理的尊貴印象不同，這其中與路易十四有關。路易十四對宴飲很有想法，包括他對用餐禮儀與氛圍的重視，以及巴洛克裝飾的偏好，影響了法式料理的餐桌布置。桌上有閃亮的金屬餐具和遠從中國買來的瓷器，以及綴有蕾絲桌布等等，這些到了 20 世紀又受到裝飾藝術 (Art Deco) 影響，法式料理一直予人華麗繁複的印象，它是尊貴的，不是居家的，影響迄今一般法國家庭都備有幾套餐具，特別是有家徽或家傳的餐具只會用來宴客，平常是不用的。

　　另外還有一個重點就是飲食書寫，包括菜單、食譜、評鑑，甚至美食小說等等，書寫讓美食的短暫可以留存，也和藝術的永恆搭上橋梁。

　　食譜與菜單本來以實用為主，並非個人創作，當然也沒有著作權保護，不過近幾年主廚明星化與文化觀光大盛，飲食書寫的確功不可沒。

　　目前檯面上有幾位名廚結合藝術的傑出案例，包括曾經旋風來台的法國鬼才皮耶‧加尼葉 (pierre gagnaire)，在全球十一家店的菜單都不一樣。還有以蔬食為主，曾經與台灣吳寶春合作的亞倫‧帕薩德 (Alain Passard)，以及自學

有成的布哈司 (Michel Bras)，他們的作品都融合味覺與視覺，像是花園沙拉的繽紛與溶岩巧克力蛋糕的流動感。

　　以上是當代名廚跨界的代表，那當代藝術又如何呢？

韓國國立現代美術館「味覺的美感」特展

　　雖說食物位階與飲食美學的程度有殊異，但是將飲食做為美學對象，甚至當主軸，從中發想，凸顯飲食與藝術對話的策展現象正當紅。近幾年在各大藝術展已經到了接二連三的狀況，2015 年台北市立美術館「食物箴言：思想與食物」有八大場景，結合舞蹈藝術科技與美食的食物劇場受到矚目，2018 福爾摩沙國際藝術博覽會 (ART FORMOSA) 亦有許多以飲食為主題的創作。

　　博物館作為象徵最高文化資本的機構，與私人商展的招商營利不同，需要更精緻、更有想法的呈現，整體定位規模都不是一般，觀者的期待亦然。2017 年初韓國國立現代美術館 (National Museum of Modern and Contemporary Art, Korea 簡稱 MMCA) 舉辦「味覺的美感」特展 (Activating the City: Urban Gastronomy)，以飲食文化為核心理念，探討與都市飲食相關的議題。

　　這是策展團體「Marche@Friends」自 2012 年以來，連續以「城中市集」為發想的藝術活動之一，邀請包括建築、烹飪、設計、文字等等不同領域的專業人士，此以三大主軸為題，呈現一幅微觀城市縮影。

1. 飲食與城市流動 (Food x Urban Mobility)

　　囿於日常生活快速變遷，行動性 (mobility) 日常化，都市生活愈來愈便捷，也相對衝擊既有人際關係。

▲ 2018「ART FORMOSA 福爾摩沙國際藝博會」(圖片來源：徐端儀)

　　展示空間從劇場效果出發，打造互動式舞台效果，創作提案包括「都市野餐」、「生活圈」等藝術裝置，還有一個台灣隨處可見的景觀──「街頭餐車照明」，蒐集了各地夜市餐車影像。

2. 飲食與共同體 (Food x Community)

　　思考人類是否可以透過飲食成為新的共同體？或許是烏托邦式的未來奇想，卻可成為藝術創作的開端。

　　展示作品包括紀錄片《食物》是 70 年代藝術家共同經營「Food」餐坊實錄，《保存期限們》是對飲食聲音的重

構，《都市的斷面》則是即席演出的表演，與廣場外的市集一樣可以直接與人群互動，體驗共享。

3. 飲食與共享文化 (Food x Sharing Culture)

舉辦廣場周末農夫市集與「種子餐桌」活動，藉此讓農夫、廚師與觀者共享料理心得，此外也有飲食與微生物科學的專題講座，主辦單位希望透過種子栽種 (生產) 與農夫市集 (消費) 關聯性，實踐共享與分享概念，打造不只純粹觀看，而是多重複合的體驗，提升對飲食的關注，讓吃不僅僅是消耗或消費，與食物的對話可以不斷延伸。

城市是人們聚集的所在，也是飲食文化的場域，食物與人有著密不可分的關係，在藝術空間舉辦飲食展是種趨勢，有值得關注的未來。

無獨有偶，2017 年夏末台灣以「聽說好味道」為策展核心，舉辦第五屆華文朗讀節，活動內容包括書寫工作坊、showtime 劇場與 DIY 料理體驗等等，匯聚飲食書寫與料理藝術同台激盪，與年初韓國「味覺的美感」內容接近，因為規格不同，策展主軸不需討論城市文化或生態永續這種恢宏議題，取而代之的是在地性，例如節慶與華文朗讀等等，整體來說類似藝文活動，不過商業趣味較濃，畢竟參觀對象是針對普羅大眾。

讓台灣飲食文化成為藝術外交

「讓台灣被看見」是一句耳熟能詳口號，因為台灣不是聯合國會員，許多國際性活動無法參加，必須用某些迂迴方式增加能見度。以美學方式包裹政治目的逐漸成為近幾年參展的美學意識，聚焦於台灣目前國際處境，爭取自我發聲的

權利。

2015 年米蘭世界博覽會的參展計畫是從前一年開始的，以東海大學為班底，在臉書發起「公民外交計畫 optogo」，舉辦論壇、座談會和工作坊等等，並招募數百名志工，浩浩蕩蕩前往義大利米蘭。

這次策展有三大軸線：一、文化攤車 (Vendors Taiwan) 是移動餐車形式；二、料理食寓 (Casadi Taiwan) 在古蹟內享用小吃；三、台灣影音館提供有關台灣飲食介紹。

料理食寓在米蘭租用百年古蹟 Palazzo Bovara，提供訪客 15 道台灣民眾票選的代表小吃，包括滷肉飯、臭豆腐、擔仔麵等等，擺設與烹調有關藝術創作，並舉辦料理講座，具體而微呈現台灣美食縮影。

另一個是由官方資助，以國家館名義參加 2016 年倫敦設計雙年展 (London Design Biennale)，提出「修龍──台灣文化進化論」，同樣以台灣美食為發想，透過食物展演與空間互動，投射對台灣文化未來想像。

這次展演以食物概念出發，五道料理的名稱分別是，跨海愛、新秩序、破立、共生與何而不同，料理名稱重意象，並非美味，與米蘭世博公民外交計畫的訴求不同，柔性減少，衝撞性更強。

策展人曾熙凱曾表示：「在追尋國家認同、文化認同、自我認同的過程中……」，透過食物展演島內移民不同階段，請參訪者體驗類似劇場的食物裝置，呼應修龍 (閩南語相撞之意) 名稱，不過這次參展有多位立委參與，論述濃濃政治味，視覺影音完全偏重所謂本土，感官過於刺激，有違文化融合初衷，評價因此兩極。

後美術館時代各種展演都可做為文本，各種想像都可以成為體驗，綜觀上述國際案例可知，近幾年以飲食為策

展命題大致有幾個趨勢，像是韓國國立現代美術館「味覺的美感」對都市與永續性著墨多，台灣「公民外交計畫optogo」與「修龍──台灣文化進化論」將在地食物跨海成為異國料理，這幾個大展共同之處是飲食脈絡化，拓展了飲食文化視野，不只停留在生產履歷、食物旅程這些淺層，還包括更深層次的對話可能，這也是台灣積極參展的主因，對外可以拓展國際能見，對內可增加島內溝通。

　　人人愛美食，飲食美學化過程不只愉悅，它更是具體介入社會、介入國際的創作，作為多元延伸的發韌。荷蘭國立博物館挾著推廣荷式美食目的，附屬餐廳固定每季邀請客座主廚擔綱，2015 年為配合「荷蘭黃金年代─亞洲風華」特展，邀請台灣知名主廚江振誠前來，商業上的異業結盟不是新聞，不過結合博物館與名廚的延伸效果在當時掀起熱議，究竟該把食物當作話題？還是美學對象？又如何美學化？怎麼跟當代藝術對話？在這些定義還沒釐清以前，根本無法斷言 Gastronomy 是不是當代藝術，因為答案不是絕對，只有相對。

參考文獻

1. 安婕工作室 (譯) (2017)。你不可不知道的西洋繪畫中食物的故事。台北市：華滋出版。

2. 顏湘如譯 (2006)。原來，我們的生活很巴黎：13 個創造歷史的時尚創意。台北市：天下文化。

3. 劉曉媛 (譯) (2010)。一切取決於晚餐：非凡的歷史與神話、吸引與執迷、危險與禁忌，一切都圍繞著普遍的一餐。台北市：博雅書屋。

4. 謝佳娟 (2010)。設計的化身、繪畫的文法：十七至十八世紀中葉英國素描概念的演變與意義。新史學，21(4)，57-139。

5. 薛文瑜 (譯) (2004)。饗宴的歷史。台北市：左岸文化。

6. 宮崎正勝 (2016)。餐桌上的世界史。台北市：遠足文化。

7. 安婕工作室 (譯) (2017)。你不可不知道的西洋繪畫中食物的故事。台北市：華滋出版。

8. 林惠敏、林思妤 (譯) (2013)。法式美食精隨：藍帶美食與米其林榮耀的源流。台北市：如果出版社。

9. 李妍 (譯) (2015)。美味的饗宴：法國美食家談吃。台北市：時報出版。

10. 邱文寶等 (譯) (2017)。食物與廚藝。台北市：大家出版。

11. 莊靖 (譯) (2014)。味覺獵人：舌尖上的科學與美食痴迷症指南。台北市：漫遊者文化。

12. 陳文瑤 (譯) (2014)。普魯斯特的盛宴：重現法國文豪追憶似水年華的飲食、文學與人生。台北市：積木出版。

13. 蔡倩玟 (2010)。美食考：歐洲飲食文化地圖。台北市：貓頭鷹出版。

14. 鄭百雅 (譯) (2016)。看得見的滋味：INFOGRAPHIC！世界最受歡迎美食的故事、數據與視覺資訊圖表。台北市：漫遊者文化。

15. 譚鍾瑜 (譯) (2014)。甜點的歷史。台北市：五南出版。

19
「喝」下
大學問

徐端儀

(圖片來源：Jeff Li)

台灣桃園機場有好幾間貴賓室，每家航空服務規劃的重點不同，以咖啡為例，對咖啡豆與機器的選擇就有不同考量，有些航空公司對咖啡要求不高，品質穩定就過關，有些希望機器好用耐操，但是也有航空公司反向思考，認為貴賓室咖啡人手一杯，要在短時間贏得好口碑，關鍵是咖啡豆品質。

　　台籍航空多半認為咖啡只是不可或缺的綠葉，真正的紅花是餐點，不過雖然咖啡只是配角，除了要挑大多數人都可以接受的風味，還要長期供應穩定品質，挑戰也不算小，怎麼說呢？

　　在寸土寸金的機場航廈，各家航空能取得的空間有限，如何將儲存空間利用最大化，這中間除了要估算來客數，各種餐具流量也要精細估算，免得常用的餐具不夠，少用的庫存一堆，最高竿的物流是掌握的剛剛好，餐具、座位數、杯子與咖啡之間物盡其用，有沒有真功夫，高下立判。

Every cup tells a story

　　英國流行喝茶與東印度公司有關，最初是貴族休閒兼社交，加上浪漫主義對自然嚮往，17 世紀倫敦出現大大小小的飲茶花園。

　　當時上流社會晚宴多，下午要先吃點東西墊底，「下午茶」應運出現，接著中產階級仿效，後來連工廠都有午茶時間，既然叫 tea break 當然以喝茶為主。喝茶跟喝酒一樣有 full-body 之說，也就是要對色香味品茗，儀態要優雅，話題要不斷，用餐前還可以喝點氣泡水開胃。

　　正統英式下午茶有三層，吃的順序是由下而上、由鹹而甜，最下層是黃瓜三明治等鹹點，三明治是長條狀手指三明

治 (不是三角形)，中間是司康和奶油果醬 (要先抹奶油再抹果醬)，最上層蛋糕和水果塔 (放上馬卡龍是最近的事)。

　　茶的丹寧可以分解脂肪，搭配乳酪或甜食很解膩，許多經典畫作 (尤其印象派) 常常出現下午茶器具，精巧細緻，尤其銀製茶壺，和可可壺不同，其壺身矮胖渾圓，讓茶葉能充分伸展。

　　中國有中國的喝茶方式，傳入英國卻發展出不同的茶文化。據說英國維多利亞女王天天下午茶，以場合來分有 Tea Room、Tea Party、Tea Dance、Tea Garden、Picnic Tea，以時段來分有 Early Morning Tea、Elevenses、Afternoon Tea、Night Tea，下午茶還又分 High Tea、Low Tea 等等，名堂多的數不完。

　　喝茶始於中國，中式茶杯卻沒有茶炳，傳入歐洲覺得杯子太燙不好拿，便發明了茶杯盤 (在杯下加一個托碟)，因為稀罕，貴族喜歡把茶湯倒在盤上啜飲，這個現在我們看起來好笑的舉動，當時可象徵高雅呢，可見禮儀是隨著社會文化改變的。後來發明了茶杯把柄，以嘴就茶盤的喝法就少見了，不過也留下茶盤比咖啡盤深的設計，深凹的部分有點像小湯盤，剛好可以裝一杯茶的量，可見茶具的造型很有典

▼ The Diamond Jubilee Tea Salon (茶沙龍) (圖片來源：Dianne Shee)

故,也有趣。

最早傳入歐洲的是紅茶和綠茶,因為茶色不同被認為是不同品種,其實只是烘茶方式不同罷了。

紅茶之所以叫紅茶 (black tea),是因為英國水質偏硬,茶葉釋放的丹寧和水中礦物質結合後,茶色偏暗沉,香氣和澀味卻比較淡,很適合當加味紅茶來喝,搭配食物也不違和。紅茶加奶是歐洲新發明,奶茶的正式英文並不是 milk tea,而是 tea with milk 或 white tea,一開始都喝熱的,所以要先溫杯溫壺。

英國喜歡喝茶加奶,加檸檬算是 20 世紀美國的發明。

檸檬並非歐洲原生,富含維他命 C 可預防黑死病,傳入之初被當藥物,因為檸檬果香豐富,放入紅茶也很搭,就變成另一種流行喝法。不過喝檸檬茶有訣竅,當果皮油脂與單寧結合味道會變苦變澀,因此講究的喝法會浸入檸檬切片,而且是薄切不是角切,浸一下馬上取出,盡量減少果皮與茶單寧接觸。當然檸檬茶最好還是喝冷的,因為溫度會加速釋放苦味。

還有一個算是基本化學常識,就是舉凡乳製品碰酸會凝結,奶茶加檸檬當然也不例外,機上空服員如果碰上乘客要喝檸檬奶茶時,一般都會委婉告知可能會有結塊情形,否則就會變成某知名藝人曾經的趣事,因為機上喝到結塊檸檬奶茶而大肆抱怨牛奶不新鮮,缺乏常識導致有理説不清的客訴。

▲Every cup tells a story (圖片來源:Dianne Shee)

茶酒二三事

　　咖啡原是阿拉伯人治胃疾的熱飲，當喝咖啡傳入歐洲，對咖啡到底是藥還是飲料爭論不休⋯⋯

　　從古希臘開始認為人體有四大體液，同時對應著四種性情，包括心情也是體液產物，體液平衡是否平衡為健康評估要件，最後咖啡被認為同時具有四種體液特質，有益身心。

　　中產階級喝咖啡不是為了形式，而是因為咖啡因可以保持清醒功效。歐洲自古有飲酒傳統，衍伸出不少令人詬病的酒醉文化。宗教改革之後對飲酒要求節制，咖啡因為有提神作用，符合新教徒對理性追求的日常實踐，因此新教徒對咖啡抱持正面的態度。早餐與午茶時間的咖啡都要喝上好幾杯，才有滿滿元氣應付一日勞動。盛餐之後的咖啡就不同了，喝的份量大大減少，有時只有幾口，還可以和白蘭地之類的餐後酒一起喝。

◀梵谷的靜物畫〈 *Still Life with Coffee Mill, Pipe Case and Jug*〉(圖片來源：WikiArt)

▲21 世紀空中吧台
服務的特殊景觀（圖
片來源：Ｓｏｒｂｉｓ／
Shutterstock.com）

不過對於勞動階級而言，飲酒還是暖身暖心的好法子，一醉忘憂，飲酒對勞動階級的影響深遠，至今依然。除了啤酒，其他酒精飲料也很受歡迎，像是蒸餾酒，酒精濃度高過啤酒更多，但需要比較高的釀酒技術，所以用在軍隊或醫療為多，一般飲酒還是啤酒居多。

19 世紀英國出現圍著吧台飲酒的「drinking house」，聊天兼談生意的社交方式，也成為 21 世紀空中服務的特殊景觀。

飲酒是很古老的行為，希臘神話就有酒神戴奧尼修斯的故事。中世紀飲酒除了享受，酒精還是人們營養補充的液體麵包，通常家中由女性掌理啤酒，有時早餐也會煮啤酒湯來喝。

過去飲用水不潔，喝酒解渴兼殺菌，庶民飲酒量很大，

因此傳統用餐不將啤酒視為酒類，把它當作軟性飲料來喝，後來因為美式飲食崛起，吃飯配啤酒開始風行。

　　啤酒之外也喝葡萄酒，但少喝香檳，香檳雖然也是葡萄酒的一種，但是氣泡需要發酵，熟成也要時間，不符經濟效益，但是酒體很受貴族青睞，過去法國貴族一直以淡金色為雅，香檳色澤完全符合這種偏好。

　　從 18、19 世紀開始，法國開始有美食地圖，一些具有特色的地方料理逐漸為人所知，第一個得到法律上產區認證的就是葡萄酒。

　　通常法國酒會標示產區，和美國注明品種的做法不同，很重要的一點就是產區與風土會直接影響價格。釀酒葡萄口感酸，顆粒小小，所有精華在果皮，其實無論紅、白、或是香檳原料都是葡萄，滋味的來源不在果肉，而是果皮，酒體顏色也取決於此。

◀梵谷在巴黎時期的作品〈*Interior of a Restaurant*〉(圖片來源：Wikiart)

香檳是一種出自香檳產區的灰白酒，因為顏色淡雅，口感特殊，一推出就大受歡迎，除此之外，因為需二次發酵，加上酒體不好儲存，在酒標還沒出現的年代，每瓶香檳瓶身都有購買者家徽，物稀為貴，予人尊貴神祕之感。

香檳酒必須出自香檳產區，而該區比其他釀酒區冷，秋收葡萄因為低溫暫停發酵，必須等到隔年春天再發酵。重複發酵是香檳擁有氣泡口感的原因，也是容易失敗的原因。

香檳區自古一直由教會主導做禮拜用的酒，培里儂 (Dom Pierre Pérignon) 是人名，他原本是本篤修士，機緣下發明了添加物 (酵母和冰糖) 讓二度發酵穩定，因此香檳一度以培里儂命名，甚至擁有專利，這些典故是香檳被定為文化遺產的原因。

以凡爾賽宮為背景的〈生蠔午宴〉(The Oyster Lunch) 相當有名，這幅畫是路易十五委託畫家德拓 (Jean-Francois de Troy) 用來裝飾皇宮餐廳的大幅作品，畫中除了金碧輝煌的洛可可室內裝潢，還可以看到許多飲食細節，像是可以分類冰鎮的大酒箱，當時瓶裝的香檳已經出現 (不過大部分葡萄酒還是木桶裝)，瓶裝香檳當時被稱為魔鬼瓶，釀酒師甚至要帶鐵面具防爆，因為軟木塞和封瓶技術都要達標才能克服瓶內壓力，否則很容易汽爆。

▲ 德拓的〈生蠔午宴〉(圖片來源：WikiArt)

　　一開始香檳瓶是蘋果狀的，但是上半部瓶口細長不利氣泡流通，後來才慢慢變成現在梨狀瓶，而且顏色變深可以杜絕陽光，起初瓶口是用浸油麻布或木塞封口，後來才用比瓶口大的軟木填充壓瓶口，卻擠出了上方的凸起，然後菇狀的軟木塞又成為香檳標誌。

　　至於我們現在熟悉的金屬絲封瓶要到 19 世紀才出現，最先用的是麻繩封瓶，所以〈生蠔午宴〉可以看到拿刀開瓶

◀過去貴族大啖生蠔是地位象徵 (圖片來源：倪惠兒)

▲莫內名畫〈午餐〉(*The Luncheon*)（圖片來源：WikiArt）

的人，畫中還有些很奇特的飲酒方式，像是倒扣碗中的酒杯，這是因為當時濾酒渣的技術還不行，倒著放杯底才不留渣。

　　以酒佐餐不只貴族，一般居家喝不起香檳，葡萄酒是一定有的，像莫內名畫〈午餐〉(The Luncheon) 裡是一群女人與小孩的聚餐一樣桌上有酒，所以葡萄酒大概只有早餐不喝，咖啡茶則不然，它是一種與社會因素有關的休閒飲料，所以舉凡下午茶咖啡館的繪畫，大多充滿都會風情，下午茶聊的話題也是悠閒的。

咖啡與茶的文化密碼

　　咖啡壺裡裝的是兩杯的量，第一次她會喝掉大概一杯半；接著把剩下的咖啡都倒在大碗裡，那碗的容量是半公升，再加滿牛奶，牛奶必須是滾燙的……(普魯斯特的盛宴，2014)

　　普魯斯特的文字總是很有張力，字裡行間可以感受到喝咖啡不只提神，而是多重感官體驗。

　　喝咖啡這件事，在不同時空流傳、轉譯，在每個歷史階段留下痕跡，有著不同的文化符碼，咖啡早就不只是飲料，而是個傳奇。咖啡在 15 世紀開始流行於伊斯蘭教國家，咖啡店也在此時誕生。據說維也納是第一個開始有咖啡廳的歐洲國家，至今奧地利航空機上仍提供十多種花式咖啡，容量可達500cc。

　　後來咖啡由鄂圖曼傳入歐洲，從義大利跨海到

英國，再隨殖民來到北美，最後來到亞洲成為一種全球性的飲品。咖啡跟茶一樣不是歐洲原生種，但我們所熟知的咖啡與茶文化，卻是從歐洲蔓延全世界。最初被歸類香料是因為咖啡因有舒緩療效，所以被當作藥物使用，後來咖啡變成貴族交際飲品，隨法國沙龍文化萌芽，又再度為藝文代言。啟蒙時期咖啡廳是藝文的謬思，19 世紀是布爾喬亞流連之所，從塞尚 (Paul Cezanne) 繪畫可以看出當時咖啡道具已經很講究。

咖啡由奢侈品變成日常飲料與航海殖民有關，從一開始香料貿易演變到後來強取豪奪，大量進口的咖啡是殖民地貢獻，至今印尼爪哇與非洲摩卡都是全球咖啡銷售的王牌。

歷史上咖啡與咖啡廳角色一變再變，交誼的功能永遠都在，延伸的可能卻無限，甚至 21 世紀的今天，咖啡已成為許多人的早晨儀式，一天的開始要從這杯算起。

咖啡苦味主要不是來自咖啡因，而是來自烘豆過程產生的酚酸，茶跟可可也是，不過加上焦糖、榛果、香草之後，可以中和一下。當然你也可以利用不加味的苦，搭配甜點的甜或奶香，一樣有異曲同工之妙。

台灣咖啡文化開始頗早，與日治時期西化政策有關，西方飲食文化被大量引入，喫茶店有西式咖啡廳的影子，裡面有甜點冰淇淋和茶咖啡，文人雅士流連之地，政權轉移之後的美援，引入的咖啡文化偏美式，90 年代又出現手沖、濾泡這些精品咖啡風潮，可見台灣咖啡文化不但開始得早，還很多

▲ 塞尚〈女人與咖啡壺〉(*Woman with a Coffee Pot*) 可以看出當時咖啡道具已經很講究。(圖片來源：WikiArt)

元，而且沒中斷過，今天在台灣早就擺脫過去特殊階級的文化價值與內涵，咖啡是平民飲料，是例行公事。

　　咖啡與茶除了代表西化，還體現了社會性，沒有加糖加奶以前，茶咖啡是苦澀的，顏色是濃稠的，喜歡喝茶咖啡不是人類天性，是後天學習而來，尤其是基於社交需求。

　　中國近代的滄桑從鴉片戰爭開始，為的是來找茶，不過傳統東方喜歡輕烘焙的綠茶，而且不加味，傳入歐洲卻成為貴族社交的物質文化，有一套相當繁複的社交禮儀。

　　英國盛行紅茶而非綠茶與水質有關，歐洲水質富含礦物質，俗稱硬水，綠茶沖泡無法完全釋出，所以喜歡重烘焙的紅茶，不過相對來說，茶食的搭配簡單許多，這是因為喜歡喝茶的幾個代表國家，像英國信的是新教，改革派認為烹飪

▶瑪麗‧卡莎特〈喝茶的女士〉(*Lady at the Tea Table*) (圖片來源：WikiArt)

應該自然簡單，過去歐洲貴族飲食過度，喜歡拿來炫耀的陋習要改變。

講到茶與咖啡的世界版圖很有意思，茶流行得很早，咖啡卻出現逆轉勝，原因有遠有近。遠因跟宗教、階級、戰爭都有關，過去新教國家相信工作榮耀上帝，茶和咖啡都有可以提神的咖啡因，但茶的貴族印象太深刻，咖啡相對親民不少，因此更受到中產階級歡迎。後來咖啡隨著移民來到北美，在獨立戰爭爆發後，茶葉供應受阻，美洲種植咖啡卻很成功，中美洲七國皆生產咖啡，風味一應俱全，彼消我長之下，世界咖啡版圖於是翻轉。

「It's not my cup of tea.」是一句表達自己不喜歡事物的英語，由此可見茶與英國文化涉入深，但其實茶與咖啡都是舶來品，而且咖啡進入英國時間更早。從 17 世紀被當藥品輸入，後來因為關稅下降，飲茶才大大普及，短短兩世紀成為英國文化象徵。

英國與茶有關的茶道具、茶禮服、茶社交、茶庭園…等非常之多，尤其維多利亞時代更是繁複，有許多茶原產地所沒有的茶具 (茶帽、茶匙、茶勺、茶巾)，花式的飲法 (伯爵茶、早餐茶、經典茶) 與相關語彙 (例如早茶、午茶、晚茶等等)，從此英國儼然成為歐洲茶之國。

台灣流行的下午茶嚴格來說是自創，兼賣鹹派鬆餅不稀奇，連小火鍋都有，網路上午茶餐廳一堆，書報雜誌也常報導，不過大多偏重異國氛圍，對歷史文化著墨不多，大家對英式下午茶既熟悉又陌生，消費心態重於實際，想像多過認識。

傳統英式下午茶要有三層架，沒有三層架也可以吃有司康 (Scone) 的奶油茶 (Cream Tea)，或熱茶配餅乾也行。

茶與咖啡傳入歐洲時間差不多，脈絡卻完全不同，飲茶

▶英式下午茶標誌是
三層架，而且一定要
有司康。(圖片來源：
Dianne Shee)

始於貴族交際，一開始就與奢侈連結，階級性很強。

在貴族專享的時代，喝茶有儀式性，道具講究，姿勢也
講究。有柄有碟的成套杯組是 18 世紀的飲茶新發明，早期
歐洲只有素燒陶器，並沒有瓷器技術，餐具很多都用金屬製
品，但是金屬導熱快，喝茶很燙，後來才出現一連串茶道
具，不過最經典的是英國骨瓷的發明，導熱性低又外觀典
雅，幾乎成了英國茶代表。

◀〈*The Tea*〉，印象派女畫家卡莎特畫了許多與飲茶有關的作品。(圖片來源：Wikiart)

　　爾後宗教與工業革命爆發，茶被認為有助清醒，新教希望以茶解酒，工廠也安排工人固定午茶時間，加上茶與糖的價格大幅下降等等，飲茶才有辦法成為全民運動，整個茶文化流行可說是眾多因緣結下的果。

　　咖啡雖然傳入英國更早，但早期咖啡廳禁止女性涉足。在英國，咖啡廳是紳士的、菁英的產物，亞當斯密的《國富論》和狄德羅的《百科全書》都是在這完成，甚至被笑說是業餘國會。

　　歐洲咖啡館一向與知性概念相連，英國咖啡館是訊息交換之地，比起法國沙龍的貴族氣息，咖啡廳更能體現哈伯瑪斯所說的公共性，咖啡廳對話形式甚至成為文學的一種形式。

　　最初咖啡在英國是用土耳其熬煮法，要等沉澱才能喝，後來才改為熱水浸泡磨碎的豆子，所以以前喝咖啡頗麻煩，要用很多工具。

　　茶、咖啡跟可可一樣都是舶來品，在法國，咖啡廳是愉悅的，看人與被看的地方，從 17 世紀版畫可知文人雅士喜

▶艾德加・竇加與咖啡廳有關的作品，〈*Cafe Concert - At Les Ambassadeurs*〉(圖片來源：WikiArt)

歡在巴黎露天咖啡閒坐，竇加 (Edgar Degas) 畫作中的咖啡館很狂熱，與英國的反差大，讓原本中性的飲料有了相異風情。

每個人小時候都愛喝可可

有趣的是，17 世紀英國咖啡廳不賣可可，要喝要去專

門賣可可的巧克力屋，不過，那是談情說愛的地方，與咖啡廳差異大。

如果說咖啡流行於新教地區，那麼可可就是天主教的天下，貴族喜歡晨起先在床上喝可可，下床梳洗再吃早餐，不過晨起喝可可很麻煩，所以傳到英國改為喝晨間茶 (early morning tea)。

可可是巧克力的加工品，最早喝巧克力的是美洲阿茲提克王朝，他們把辣椒、玉米之類的東西攪拌一起，鹹鹹辣辣的當機能飲料喝，後來傳入西班牙才開始喝甜的，與茶和咖啡一樣是由蔗糖帶動，後來加入甜味才被叫 Chocolate。

可可跟咖啡茶進入歐洲都出現同樣困惑，那就是它到底是藥還是飲料？

最後天主教做出可可是飲料的決議，而且可可飽含油脂，可以做為齋戒期的營養補充。當然教會提倡可可還有其他附加目的，就是希望可可取代酒精，改善勞動者酗酒的習慣。

可可與帝國殖民有關，甚至可以說可可歷史就是奴隸血淚史，除了可可原料來自遙遠美洲，採收與加工過程需要大量勞力，所以當時喝可可極度奢侈，使用的道具也很繁複，在陶瓷尚未普及以前，沖可可的壺是銀製的，壺身很長，壺嘴很細，要用長型攪拌棒才能繳出泡沫。

西班牙貴族對待可可相當隆重，宮廷不但設有可可總管替貴族服務，還提供專屬軍隊可可處方。哈布斯堡公主嫁入法國時，甚至還陪嫁了專門製作可可的侍女，喝可可的習慣才傳入法國。

可可從貴族專賣到大眾普及是條漫長的路，有高達50% 油脂的可可豆除了不易結塊還苦澀，油多不易攪拌，直到荷蘭發明了可可粉，完成脫脂與鹼化的技術，可可才變

得好沖好喝。

可可營養價值高，從阿拉伯藥物到西班牙貴族到英國咖啡廳，印象不斷翻轉，最後還變成兒童保健食品，令人詫異，這是與 19 世紀商業廣告有關的可可文化。

可可廣告最喜歡用小朋友當主角，除了討喜，還有一個原因是國情。

英國勞動階級嗜甜，早餐除了果醬麵包，還要甜可可。美國早餐喝咖啡加上沒有午茶習慣，可可被定位在小孩點心，因此美國可可廣告幾乎都以可愛小孩為主，站在旁邊的大人是媽媽，可可印象與兒童連結是很商業的。

對了，你小時候會喝阿華田和美祿嗎，那也算可可喔！

參考文獻

1. 宮崎正勝 (2016)。餐桌上的世界史。台北市：遠足文化。

2. 武田尚子 (2017)。尋味巧克力：從眾神的餐桌到全球的甜蜜食品。台北市：時報出版。

3. 殷麗君 (譯) (2001)。味覺樂園：看香料、咖啡、菸草、酒，如何創造人間的私密天堂。台北市：藍鯨出版。

4. 薛文瑜 (2004)。饗宴的歷史。台北市：左岸文化。

5. 顏湘如譯 (2006)。原來，我們的生活很巴黎—13 個創造歷史的時尚創意。台北市：天下文化。

6. 磯淵猛 (2016)。紅茶之書：一趟穿越東方與西方的紅茶品味之旅。台北市：時報出版。

7. 蔡錦宜 (2009)。西餐禮儀。台北市：國家出版社。

8. 莊靖 (譯) (2014)。味覺獵人：舌尖上的科學與美食癡迷症指南。台北市：漫遊者文化。

20

旅行的
紀錄

許軒

(圖片來源：Jeff Li)

觀光餐旅美學之旅到了尾聲，在最後一個章節中，筆者想分享一下各式各樣記錄旅程之美的方式。這些方式可以輔助自己留下旅遊時的各式感官感受，除了方便日後不斷回味，也可以幫助他人了解當地風情，在計劃體驗相同美學感受時，做為重要的參考資料。

2009 年夏天《旅行的藝術》作者艾倫・狄波頓 (Alain de Botton) 應邀前往倫敦希斯羅機場擔任「首位駐站作家」，在航站裡穿梭、訪談一週後，集結成《機場裡的小旅行：狄波頓第五航站日記》一書，從出境到入境，出發到歸來，抒發他個人對旅行的想像，這是一種寫作，也是行為藝術實踐。

每一趟旅程的回憶，都能透過多樣的方式留下美好的回憶，有的靠眼睛記錄、有的靠文字、有的仰賴照相或是錄影、有的靠繪畫。另外，在體驗經濟下，一趟完整的體驗設計結束時，需要有一樣東西讓旅客帶回家，使他們再次見到此物時，腦海能回想起這趟旅程，這就是當代常見的伴手禮或是紀念品的概念。

伴手禮或紀念品，除了讓自己與親友滿足物質蒐集慾望與生理慾望外，更可以連結曾經到訪之旅遊地點的精神與情感。多年後，再次看到、聽到、觸摸、嘗到、嗅到此紀念品，多多少少會帶出當時的情感與記憶。若當時的回憶與感受是正面的，或許會讓人想要再次重遊。

每一次的旅遊體驗，心中都想記錄下美好的回憶，本章將分享各式記錄方式給您，讓我們一起為旅程做完美的回憶紀錄吧！本章節會講述各式旅遊記錄的方法，讓你把旅遊回憶具象化帶回家。

旅行的記錄方式中，文字記錄為最常見且最便利的方式。坊間眾多的部落客，或是傳統的旅遊書，例如旅遊雜誌

▲攝影可以捕捉旅程中，特定景點的特定時刻，不但捕捉到眼前看到的景象，還捕捉了你聞到的味道、聽到的聲音和嘗到的味道 (如果你當時正在吃東西的話)，甚至是涼風吹拂過身體的感受等等，只是後面這幾種感受，並不會出現在照片裡。但這些照片會像記憶的觸媒，可以提取拍攝當下感受，帶領你回到當時的情境裡。例如圖為位於比利時安特衛普 (Antwerp)，由已過世國際知名建築師札哈・哈蒂 (Zaha Hadid) 團隊所設計建造的港口大樓 (Port House)。當時筆者特別為此景點來到安特衛普，並且搭大眾交通工具到達周圍人煙罕至、多半是大型貨車與貨櫃的港口附近，想捕捉其新舊建築融合的完美景象。不料當天天氣不佳，待筆者見到港口大樓時，天空突然下起冰爆與大雨。當筆者再次瀏覽這張照片時，就會想起當時的情景，帶出這難忘的冒險回憶。

《孤獨星球》(Lonely Planet)，多半透過大量文字去堆疊、記錄、介紹或是傳遞自己的感覺等。文字是一種能夠更豐富、更精準的傳遞作者本身的感受與內容想法的媒介符號，許多精確的內容，用文字表現比較能讓讀者接收到。

　　不過，隨著資訊科技的進步，圖象化的做法更能夠吸引讀者與網友的共鳴，所以後來許多部落客或是旅遊作家，逐

▲攝影更可以捕捉景觀中你最喜歡的特殊元素。像是作者非常喜歡拍攝光影與
景象之間的互動，尤其是光線在水面反射時，所映照出的光芒更是迷人。

漸把圖象的占比拉大，文字的占比縮小，以獲取更多的關注。但是，不得不説，文字的表現雖然相對精準，但也要考量整體潛在讀者的教育水準與識字能力。文字本身就是一種藝術，美麗的辭藻、優美的詞句固然好，如果是公開給大眾而不是僅供自己欣賞，就要考慮讀者是否能理解，方能發揮效益。否則長篇大論後，只會獲得讀者抱怨文字過長或過於艱深的反饋，而無法傳遞需要的訊息。

　　21 世紀全球消費市場主要注重在圖片、影像的傳遞上，隨著近幾年 Instagram、Snapchat 等主要以影像呈現為主、精簡文字的社交軟體用戶人數大幅提升可知 (甚至有學生都不用 Facebook 了)。因此，視覺的傳遞顯得更加重要。使用照相機／攝影機，已經是多數人旅行時的最佳記錄工具。畢竟以寫實的角度來説，透過照片與影片最能夠真實地記錄每一個時刻。這些相對寫實的照片與影片，能夠讓你回家後再度觀賞時，幫助你提取腦中的記憶，快速地回到當下環境與感受，再次抽象地體驗一番。

　　不過，照片與影片的紀錄相對於文字與圖畫的傳遞，少了一些記錄者個人的呈現角度與觀點 (當然你可以在拍攝時調整濾鏡、構圖，或是在事後的修圖，融入自身想要傳遞給他人的視覺感受)，所以相較也少了一些人情味。不過，這確實是最具有效率的記錄手法，尤其隨著手機的攝影功能提升，許多場景、畫面與特殊時刻等，都可以即時的記錄，所以不得不説，攝影仍是最符合當代的旅行記錄手法。

　　隨著攝影技術的日益蓬勃，繪畫難以比照相更加寫實，這個事實強烈影響了畫家的畫風與繪畫重心。既然影像紀錄這麼好，為何還要用手畫呢？用繪畫記錄人事物與真實景象的方式，愈來愈少見。當照片大量取代繪畫時，繪畫數量變少了，於是人們物以稀為貴的心態又出現了，開始紛紛覺得

▲攝影畫面的捕捉，也可讓你把一種吉祥的象徵帶回家。在日本傳統習俗中，若新年初夢夢見「一富士、二鷹、三茄子 (いちふじ、にたか、さんなすび)」，都有吉祥如意好兆頭的意思，由此可見，富士山對於日本人的重要性。因此當你在日本旅遊時，不妨將富士山最美的樣貌，以相機記錄下來放在家中，說不定也可以把吉祥的含義帶回來喔！

繪畫多了一種溫度、一種風格，甚至可以蘊含繪畫者的心情。所以透過繪畫記錄旅行的方式，又再次興起並受重視。當今甚至也有許多旅遊書、餐廳、旅館等，透過手繪方式傳遞出文創氣息，讓自己的產品多了一份藝術人情味。這些手繪圖，無論是高超繪畫技巧畫的，或是如同小朋友作畫般簡單地描繪與上色，都有助於記錄整趟旅程，並強化與旅程各景物與事件間的連結，給予自己一個最獨特，且最彰顯個人特色的紀念品。

旅行的紀錄，除了文字與圖像，其實還有聲音上的紀錄，潺潺流水聲、蟲鳴鳥叫聲、西班牙 Tapas 餐廳裡活力歡樂人們的叫賣聲等，這些聲音反倒更能勾起當時旅行的回憶，帶領你進入當時的畫面中。為何這樣說？回想一下，分手後聽到當年那首屬於你們的歌，即使在事過境遷、事隔多

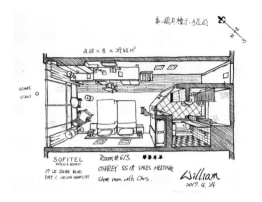

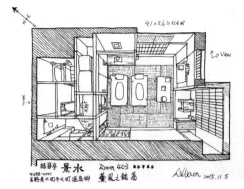

年後，仍會不自覺得感覺揪心，眼淚甚至不禁滴了下來，可見聲音勾起回憶的力量非凡。因此，透過錄影機或是錄音機的記錄，或是在當地買張特色音樂或是聲音記錄專輯等，就可以把這種強烈的感官刺激元素帶回家，讓你對此趟旅程中的回憶難以忘懷。

　　再者就是嗅覺的記錄，有沒有看過販賣空氣的罐子？或是如同前面章節提到某些飯店旅館裡特製的調香，又或是某種食材散發出的香氣等等。味覺所能勾勒出的感受與回憶，也是不能小覷。雖然嗅覺的記錄相對困難，不過有些味道帶給你的情緒，對旅遊地點的印象，可是有非常大的影響。例如，筆者逛日本的菜市場時，不像在其他地方的菜市場需要摀著鼻子，因此讓我對於日本的菜市場擁有正面且深刻的印

▲透過手繪的方式記錄住宿的房間與到訪過的景點，無論是以黑色簽字筆或是水彩的方式，在繪畫的當下，都能幫助自己更認識這個地方。除了仔細觀察外，繪圖時透過腦中思索線條的使用、空間感的規劃、顏色的配置等等，更能無形中加深與當地的連結。所以，下次是不是也動手來一張充滿個人風格的旅行紀錄──繪畫呢？(圖片來源：曾文永)

▶韓國辣魷魚鍋對於味
蕾的刺激，讓筆者每次
看到同張照片，嘴巴就
會不斷分泌口水，回想
當下的味道，讓人很想
再次飛去韓國，大飽口
福一番。

象。另外一個案例，你有沒有注意走過身邊的行人是否有汗
臭？或是口臭？這樣的氣味，促使筆者朋友對一個旅行過的
國家留下部分負面印象。

這些印象就在腦中形成對該次旅行的深刻記憶，這記憶
也成為是否再去該地的重要驅動力。另外就是味覺的記錄
了，因為這部份在＜食之美＞那章已經提過，此處就不再贅

述。不過，味覺記憶的魔力，已被名文學家塞爾‧普魯斯特於《追憶似水年華》中的瑪德蓮故事證明過，相信你也可以好好感受一下，並把這股味道給帶回家，在故鄉懷念旅行中的美好。

　　當今全球眾多國家都在提倡的文創產業，不但賦予文化活力與創意，更成為帶來財富收入的手段與做法，同時也成為旅客記錄旅行時的絕佳紀念品。因為這些文創商品，融合旅程中的許多特色元素、特殊體驗並連結當地脈絡，讓旅遊不只可看、可玩，還可以有形的帶回家，例如帶個擁有眾多名畫的博物館月曆或是荷蘭的木雕鬱金香妝點家裡，或是巴黎鐵塔的書籤、紐約天際線的明信片、LINE 或 KakaoTalk

▼荷蘭著名的陶瓷製品，獨有的異國特色花紋與造型，讓你不但把回憶帶回家，放在家中，更可增添日常生活美學。

▲LINE Friends 虛擬明星周邊商品，讓你有機會不只在通訊軟體裡見到他們，更讓他們有機會生活在你的日常生活中，提醒你與他們曾經的相遇。

▲韓國煮泡麵的鍋具，雖然它算是比較功能性的產品，不過未來每一次進廚房看到它，或是用它的烹煮食物時，絕對一定會讓你回想到韓國之旅。

上的虛擬明星或真人明星的照片、周邊產品等等。

　　不過，值得注意的是，許多的文創商品往往選擇結合經典藝術品，以提升對旅客的吸引力。但是，藝術品繪製時，都有其原始脈絡與製作完整作品時想傳遞的意境。所以在轉換成為商品時，會因為商品本身的大小、尺寸、材質、規格等考量，而將原始藝術品畫面予以裁切或部分擷取，使得其不再是原始模樣。而到底裁切下來的部分是否能讓你回想起完整的詮釋？或是帶給你新的意義與視野？也或是變成一個你完全看不懂的部分呢？這都值得在收藏文創商品前，好好深思熟慮一番。因為，紀念品或伴手禮的購買，對於旅客來說是一種把回憶實質具體化，抽離原始脈絡帶回原居住地的一種元素。這元素的價值除了實體成為一種裝飾或是實用物體外，你在觀看或使用它時，能使你回想起當時的回憶，才是最重要的。這就是美學所要帶給你的重要的寶藏，回憶是任誰都無法取走的重要寶物。

　　到底美學能夠帶來什麼好處？看完了整本書後，有沒有一點想法與概念了呢？整個感官接觸是否能透過各種不同的刺激，影響到接受主體的情緒，進而創造回憶，或是讓人們感受到心動、產生振奮人心的感受等。這是當代美學經濟、體驗經濟的重要考量因素，但對於個人來說，也是一種增進自己生活品味、人生價值以及文化資本的重要渠道。本書透過了觀光

▲買一本當地語言的書，是最具有特色的紀念品。通常書籍書本的製作，除了文字、命名、紙質、版面、封面設計、插圖設計等，都充滿濃厚的當地美學。因此，選一本當地出版的書，相信會是一種非常棒的紀念品。

▶星巴克的城市隨行杯也是一種最佳留下當地記憶與美學的伴手禮，相信大家對它一定不陌生。杯子上當地特色景點的圖樣與該城市的字樣，在每一次你使用此杯子時，就在不斷誘發著你之前旅行的記憶，並且引誘著你再次前往該地。

餐旅探討美學的發現與重要性，希望每一位讀者閱讀完本書
後，多少能在未來旅遊休閒時，多一點美的敏銳度、多一點
美的知識、多一點感性，而讓自己的感官感知充分發揮作
用，進而帶給自己更多認識世界的機會，促使自己在生活
中，也養成注重感官知覺愉悅的習慣。讓美不只是活在偶
爾，而是帶入日常生活美學的好習慣。

參考文獻

1. Pine II, B. J., & Gilmore, J. H. (2011). The experience economy: Harvard Business Press.

2. Strannegård, L., & Strannegård, M. (2012). Works of art: Aesthetic Ambitions in Design Hotels. Annals of tourism research, 39(4), 1995-2012.

3. Saito, Y. (2010). Everyday Aesthetics. Oxford, UK: Oxford University Press.

博雅文庫 209

觀光餐旅美學
旅行，是為了發現美

作　　者	許軒、徐端儀
總 編 審	洪久賢
發 行 人	楊榮川
總 經 理	楊士清
副總編輯	張毓芬
責任編輯	紀易慧
文字校對	林芸郁
封面設計	雷子萱
內文排版	張淑貞
出 版 者	五南圖書出版股份有限公司
地　　址	台北市和平東路二段 339 號 4 樓
電　　話	(02)2705-5066
傳　　真	(02)2706-6100
郵撥帳號	01068953
網　　址	http://www.wunan.com.tw/
電子郵件	wunan@wunan.com.tw
戶　　名	五南圖書出版股份有限公司
法律顧問	林勝安律師事務所　林勝安律師
出版日期	2018 年 10 月初版一刷
定　　價	新台幣 500 元

國家圖書館出版品預行編目資料

觀光餐旅美學：旅行,是為了發現美／許
軒, 徐端儀作. －－一版. －－台北市：五南,
2018.10
　　面；　公分 －－(博雅文庫；209)
　ISBN 978-957-11-9947-4 (平裝)
1.餐旅業 2.美學
489.2　　　　　　　　　　107015816